Sebastian Rakers

Anwendungspotentiale multipotenter Zellen aus Regenbogenforellenhaut

Sebastian Rakers

Anwendungspotentiale multipotenter Zellen aus Regenbogenforellenhaut

Zellkulturen, Zytotoxizität und dreidimensionale Zellkultur

Südwestdeutscher Verlag für Hochschulschriften

Impressum / Imprint
Bibliografische Information der Deutschen Nationalbibliothek: Die Deutsche Nationalbibliothek verzeichnet diese Publikation in der Deutschen Nationalbibliografie; detaillierte bibliografische Daten sind im Internet über http://dnb.d-nb.de abrufbar.
Alle in diesem Buch genannten Marken und Produktnamen unterliegen warenzeichen-, marken- oder patentrechtlichem Schutz bzw. sind Warenzeichen oder eingetragene Warenzeichen der jeweiligen Inhaber. Die Wiedergabe von Marken, Produktnamen, Gebrauchsnamen, Handelsnamen, Warenbezeichnungen u.s.w. in diesem Werk berechtigt auch ohne besondere Kennzeichnung nicht zu der Annahme, dass solche Namen im Sinne der Warenzeichen- und Markenschutzgesetzgebung als frei zu betrachten wären und daher von jedermann benutzt werden dürften.

Bibliographic information published by the Deutsche Nationalbibliothek: The Deutsche Nationalbibliothek lists this publication in the Deutsche Nationalbibliografie; detailed bibliographic data are available in the Internet at http://dnb.d-nb.de.
Any brand names and product names mentioned in this book are subject to trademark, brand or patent protection and are trademarks or registered trademarks of their respective holders. The use of brand names, product names, common names, trade names, product descriptions etc. even without a particular marking in this works is in no way to be construed to mean that such names may be regarded as unrestricted in respect of trademark and brand protection legislation and could thus be used by anyone.

Coverbild / Cover image: www.ingimage.com

Verlag / Publisher:
Südwestdeutscher Verlag für Hochschulschriften
ist ein Imprint der / is a trademark of
AV Akademikerverlag GmbH & Co. KG
Heinrich-Böcking-Str. 6-8, 66121 Saarbrücken, Deutschland / Germany
Email: info@svh-verlag.de

Herstellung: siehe letzte Seite /
Printed at: see last page
ISBN: 978-3-8381-3552-6

Zugl. / Approved by: Lübeck, Universität, Diss., 2012

Copyright © 2012 AV Akademikerverlag GmbH & Co. KG
Alle Rechte vorbehalten. / All rights reserved. Saarbrücken 2012

Inhaltsverzeichnis

1	Zusammenfassung	5
1	Abstract	7
2	Einleitung	9
2.1	Evolution der Wirbeltiere (Craniota) – Phylogenese am Beispiel von Fisch, Ratte, Maus und Mensch	9
2.2	Embryogenese bei Fisch und Mensch	12
2.2.1	Die Entwicklung der Haut	14
2.2.1.1	Ursprung und Entwicklung	14
2.2.1.2	Strukturen und Zelltypen	18
2.3	Definitionen von verschiedenen Zellen und Zellkulturen	22
2.3.1	Primärzellen	22
2.3.2	Zelllinien und Langzeit-Zellkulturen	22
2.3.3	Stammzellen	22
2.4	Embryonale Stammzellen bei Maus, Mensch und Fisch	25
2.5	Adulte Stammzellen	28
2.5.1	Lokalisation und Aufgaben	28
2.5.2	Regeneration bei Mensch und Fisch	31
2.5.3	Adulte Stammzellen aus der Haut bei Mensch und Fisch	32
2.6	Testsysteme zur Untersuchung toxischer Substanzen	34
2.6.1	Akuter Fischtest, GenDarT-Test, Daphnien-Test und zellbasierte Toxizitätstests	34
2.6.2	Fisch-Zelllinien als Werkzeuge für zellbasierte Testsysteme	38
2.6.3	3D-Hautmodelle als *in vitro* Testsysteme	40
2.7	Zielsetzungen der Arbeit	43
3	Material und Methoden	45
3.1	Materialien	45
3.1.1	Chemikalien	45
3.1.2	Arbeitslösungen	50
3.1.3	Medien und Seren	51

Inhaltsverzeichnis

3.1.4	Verbrauchsmittel		52
3.1.5	Antikörper		55
3.1.6	Geräte		56
3.1.7	Software		60
3.1.8	Versuchstiere		60
3.1.9	Zellkulturen		60
	3.1.9.1	Fischzellen	61
	3.1.9.2	Humane Zellen	62
	3.1.9.3	Murine Zellen	62
3.2.	Zellbiologische Methoden		62
3.2.1	Allgemeines Arbeiten in der Zellkultur		62
3.2.2	Anlegen einer Zellkultur aus Fischzellen und Subkultivierung		63
	3.2.2.1	Explantat	64
	3.2.2.2	Kultivierung	64
	3.2.2.3	Primärkultur	67
3.2.3	Zellzählung und Viabilitätsbestimmung		67
3.2.4	Kryokonservierung und Auftauen von Zellen		69
3.2.5	Charakterisierung der Stammzellpopulationen		69
	3.2.5.1	Testen unterschiedlicher Temperaturen und Medienzusätze für Fischzellen	70
	3.2.5.2	Click-it® EdU Zellproliferationsassay	71
	3.2.5.3	xCELLigence RealTimeCellAnalysis	71
3.2.6	Zytotoxizität von unterschiedlichen Kupfersulfat Pentahydrat ($CuSO_4 \cdot 5\,H_2O$) -Konzentrationen an Fischzellen und humanen Zellen		73
	3.2.6.1	Echtzeitbeobachtungen mit dem xCELLigence RTCA	73
	3.2.6.2	Zeitraffer-Mikroskopie	75
3.2.7	Markierungstechnik durch Nanopartikel		76
3.2.8	Generierung eines 3D-Fischhautmodells		77
3.3	Analytische Methoden		77
3.3.1	Paraffin- und Kryofixierung		77

Inhaltsverzeichnis

3.3.2		Histologie	79
	3.3.2.1	Entparaffinierung	79
	3.3.2.2	HE-Färbung	79
	3.3.2.3	AFG-Färbung	80
	3.3.2.4	PAS-Färbung	82
	3.3.2.5	EvG-Färbung	83
3.3.3		Subzelluläre Analyse	84
	3.3.3.1	Elektronenmikroskopie	84
	3.3.3.2	Konfokalmikroskopie	84
3.3.4		Immunfluoreszenz	85
3.4		Molekularbiologische Methoden	86
	3.4.1	DNA-Isolation	86
	3.4.2	RNA-Isolation	86
	3.4.3	cDNA-Synthese	88
	3.4.4	Gradienten- und RT-PCR	88
	3.4.5	Kapillargelektrophorese	89
3.5		Bioinformatische Methoden	90
	3.5.1	Primerdesign	90
4		**Ergebnisse**	**92**
4.1		Etablierung von Zellkulturen aus Fischzellen	92
	4.1.1	Etablierung und Charakterisierung von Zellen der Regenbogenforelle (*Oncorhynchus mykiss*) - Primärkultur Schuppenexplante	93
	4.1.2	Etablierung und Charakterisierung von Zellen der Regenbogenforelle (*Oncorhynchus mykiss*) - Langzeit-Zellkultur OMYsd1x	98
4.2		Vergleich der Schuppenzellen und OMYsd1x – Zellen	108
	4.2.1	Nachweis von Glykokonjugaten in der Zellkultur	108
	4.2.2	Genexpression von Zytokeratin 18, Vinculin und Kollagen Typ 1 in Schuppenzellen und OMYsd1x – Zellen	111
	4.2.3	Analyse des Protein-Expressionsprofils	113
4.3		Versuche zur Generierung eines 3D-Fischhautmodells	119

Inhaltsverzeichnis

4.3.1 Kombination von OMYsd1x- und Schuppenzellen ... 121

4.3.2 Integration von Schuppenzellen in die OMYsd1x-Langzeit-Zellkultur ... 123

4.4 Testung der Zytotoxizität von unterschiedlichen Kupfersulfat (CuSO4) -Konzentrationen an Fischzellen und Säugerzellen ... 126

4.4.1 Echtzeitmessungen ... 126

4.4.2 Zeitraffer-Mikroskopie ... 135

5 Diskussion ... 137

5.1 Etablierung von primären und Langzeit - Zellkulturen aus Fischzellen ... 137

5.1.1 Charakterisierung der Schuppen-abgeleiteten Zellen ... 141

5.1.2 Charakterisierung der Vollhaut-abgeleiteten Zellen ... 143

5.1.3 Selbsterneuerung, Regenerationsfähigkeit und Wundheilung im Fischzell-Modell ... 153

5.2 Generierung eines 3D-Fischhautmodells ... 156

5.3 Untersuchung der Zytotoxizität von unterschiedlichen Kupfersulfat (CuSO4) - Konzentrationen an Fischzellen und Säugerzellen ... 160

5.4 Fazit und Ausblick ... 167

6 Referenzen ... 170

7 Anhang ... 196

7.1 Ergänzende Tabellen und Abbildungen zum Ergebnisteil ... 196

7.2 Filme ... 201

7.3 Abbildungsverzeichnis ... 202

7.4 Tabellenverzeichnis ... 205

7.5 Abkürzungsverzeichnis ... 206

8 Sonstiges ... 210

8.1 Wissenschaftliche Publikationen ... 210

1 Zusammenfassung

Adulte Stammzellen sind für Tiere und für den Menschen unentbehrlich zur Aufrechterhaltung der organischen Systeme sowie für die Regeneration von Geweben. Aufgrund teils unterschiedlicher Wundheilungsstrategien bei Fischen und Menschen könnten deren adulte Stammzellen verschiedene Aufgaben bei Verletzung oder Verlust von Gewebe übernehmen. So besitzen Fische ein weitaus größeres Regenerationspotential als Menschen. Sie können verschiedene Organe nach Verwundung nahezu vollständig regenerieren, wobei Vorläuferzellen mit einem ähnlichen Differenzierungspotential wie adulte Stammzellen eine wesentliche Rolle spielen. Die Gewinnung solcher potenter Vorläuferzellen aus Fischen und deren Analyse kann daher interessante Forschungsergebnisse für die regenerative Medizin hervorbringen. Diese Zellen könnten aber auch für verschiedene andere Anwendungen, wie zum Beispiel als Testsystem in der Gewässertoxikologie oder als Bestandteil in der Nahrungsmittelindustrie dienen. Da bis heute vergleichsweise wenig über adulte Stammzellen und Vorläuferzellen in Fischen bekannt ist, wurden im Rahmen dieser Arbeit nach einem modifizierten Protokoll für Stammzellen aus der Haut von adulten Regenbogenforellen Zellen isoliert und erfolgreich als Langzeit-Zellkultur etabliert. Daneben konnten aus den Schuppen der Fische Primärkulturen etabliert werden, die andere Eigenschaften aufwiesen als die Langzeit-Zellkultur. Die gewonnenen Zellen wurden mittels molekularbiologischer und proteinbiochemischer Analysen auf ihre Stammzelleigenschaften untersucht. Es zeigte sich, dass die Langzeit-Zellkultur sowohl Charakteristika ausdifferenzierter epithel- als auch fibroblasten-ähnlicher Zellen aufwies, wobei sie zumeist ein heterogenes Gemisch blieb. Diese Zellen wiesen in Kultur multipotente Eigenschaften auf. Durch die Kombination von Zellen der Langzeitkultur aus der Vollhaut der Regenbogenforelle mit Schuppenprimärzellen zeigte sich ein verbessertes Überleben der Primärzellen. Eine besondere Eigenschaft der Langzeit-Zellkultur war die Ausbildung von dreidimensionalen Strukturen nach dauerhafter Kultivierung ohne Subkultivierung. Dabei entwickelten sich organoide Strukturen, sogenannte *organoid bodies* (OBs), ohne dass Einfluss auf die Zellkultur genommen wurde. Diese OBs zeigten ein verändertes Proteinmuster im Vergleich zur zweidimensionalen Zellkultur.

Die Langzeit-Kultivierung von Fischhautzellen sowie die Zusammenführung zweier Zellkulturen für ein *in vitro* Fischhautmodell stellen neue, interessante Optionen zur Untersuchung spezifischer Fragestellungen dar. Dabei könnten insbesondere Vorgänge der epithelialen-mesenchymalen Transition (EMT), die in den Fischhautzellen möglicherweise während der *in vitro* Kultivierung auftritt, bei der Beantwortung vieler Fragen in der Wundheilungs- sowie der Regenerations- und Tumorforschung eine sehr wichtige Rolle einnehmen.

Neben der Identität der Zellen im Vergleich zum Herkunftsgewebe und ihrem Differenzierungspotential *in vitro* wurde auch ein anwendungsbezogener möglicher Einsatz von Fischzellkulturen als ökotoxikologisches *in vitro* Testsystem geprüft. Anhand verschiedener Parameter wurde analysiert, wie die Zellen auf die Zugabe von Kupfersulfat als Toxin reagierten. In Bezug auf Kupfersulfat war der zellbasierte Toxizitätstest mittels Impedanzmessung nicht sensitiver als entsprechende etablierte Testsysteme mit Säugerzellen. Dennoch konnten mit den Fischzellen vergleichbar gute Ergebnisse hinsichtlich des IC_{50}/EC_{50}-Wertes erzielt werden. Der Vorteil der hier verwendeten Fischzellkulturen liegt in ihrer einfachen Kultivierbarkeit, da sie bei Raumtemperatur gehalten werden können und somit eine ideale Plattform für Tests bieten. Es sind trotzdem optimierte Versuchsbedingungen erforderlich, damit Fischzellen als effektives Testsystem eingesetzt werden können.

Die Ergebnisse dieser Arbeit, insbesondere das dokumentierte Differenzierungspotential der Fischhautzellen sowie die Fähigkeit dieser Zellen zum spontanen dreidimensionalen Wachstum zeigen, dass multipotente Zellen aus Fischen mit Stammzell-ähnlichen Eigenschaften ein enormes Potential für die vergleichende und angewandte Zellforschung bergen.

'Application potential of multipotent cells from rainbow trout skin: cell culture, cell toxicity and three-dimensional cell culture'

1 Abstract

Adult stem cells are essential for animals and human beings for maintenance of organic systems and regeneration of tissues. Due to partly different wound healing strategies in fish and humans, adult stem cells could take over diverse tasks after wounding or loss of tissue. Fishes have a much bigger regeneration potential than humans. They are able to completely regenerate different organs after wounding, where progenitor cells, featuring a comparable differentiation potential as adult stem cells play a fundamental role. The analyses and exploitation of such potent progenitor cells from fish bears a huge potential for regenerative medicine. Such cells may likewise be used for other applications, for example as a tool in water toxicology or as component in food industry. Since little is known about adult stem cells and progenitor cells in fishes until now cells from rainbow trout skin have been isolated following a modified protocol for stem cells from adult tissues. These cells were successfully established as long-term culture. Furthermore, primary cultures were obtained from scales that showed features different from the cells of the long-term culture. The isolated cells have been analysed regarding their stem cell characteristics using molecularbiological and proteinbiochemical methods. It was shown that the long-term culture exhibited characteristics of differentiated epithelial- and fibroblast-like cells, and mostly persisted as a heterogeneous mixture. In culture, these cells showed features of multipotent cells. By combining cells from the long-term skin culture with primary scale cells, an improved survival of the latter cells was demonstrated. An outstanding characteristic of the long-term cell culture was the formation of threedimensional structures after permanent cultivation without subcultivation. Here, organoid-like structures, so-called organoid bodies (OBs), formed spontaneously. These OBs showed a modified protein pattern compared to the twodimensional cell culture.

1 Abstract

The fish skin cells presented in this work as well as the combined cell cultures that were brought together for an *in vitro* skin model offer new and interesting options for the analysis of specific questions. Here, especially processes of epithelial-mesenchymal transition that possibly occur during *in vitro* cultivation of fish skin cells could answer important questions concerning wound healing, regeneration and tumor research.

Besides investigating the cell identity in comparison to their origin tissue and their differentiation potential, the possible applicability of fish cells as an ecotoxicological *in vitro* test system was examined. Therefore, different cell parameters were analyzed after addition of the toxin copper sulfate. Regarding copper sulfate, the cell-based toxicity test using impedance measurement was not as sensitive as established test systems with mammalian cells. However, it was possible to obtain comparable results for the IC_{50}/EC_{50} values. Fish cell cultures are easy to handle during cultivation and can be maintained at room temperature. Therefore they offer an ideal platform for low-tech tests. Nevertheless, some optimized experiment designs are necessary before establishing fish cells as a promising test system.

The results of this work, especially the documented differentiation potential of the fish skin cells plus the capability of these cells to spontaneously form threedimensional structures showed that multipotent cells from fishes with stem cell-like characteristics hold an enormous potential for comparative and applied cell research.

2 Einleitung

2.1 Evolution der Wirbeltiere (Craniota) – Phylogenese am Beispiel von Fisch, Ratte, Maus und Mensch

Der letzte gemeinsame Vorfahre von Fischen und Säugetieren ist mehr als 420 Millionen Jahre alt und stammt aus dem erdgeschichtlichen Zeitabschnitt des Silur, wenn Funde zu den ersten kiefertragenden Vertebraten (sogenannten Gnathostomata) zugrunde gelegt werden (Abb. 2.1) [Schultze, 2004]. Fische haben seit dieser Zeit eine sehr große Artenvielfalt hervorgebracht. Mehr als 30.000 Arten werden zu den Fischen gezählt. Darunter finden sich neben den Knorpelfischen wie den Haien und Rochen viele verschiedene Knochenfische. Erste Knochenfische traten wahrscheinlich im Übergang vom Obersilur zum Devon vor etwa 416 Millionen Jahren auf [Schultze, 2004]. Zu ihnen werden auch die Chondrostei (Acipenseriformes), also die Störe und Löffelstöre mit insgesamt 27 rezenten Arten gezählt. Störe weisen ein verknöchertes Exoskelett in Form von Scuti (Knochenplatten) auf. Ihr Endoskelett ist weitgehend knorpelig geblieben, womit sie eine gewisse Ähnlichkeit zu Haien aufweisen. Die Teleostei, die Knochenfische im eigentlichen Sinn, besitzen hingegen ein richtiges Knochenskelett. Sie bilden mit über 25.000 Arten die größte Gruppe der Wirbeltiere [Britz, 2004] und sind wissenschaftlich wie wirtschaftlich von enormer Bedeutung. So gehört der in der Medizin als Modellorganismus genutzte Zebrafisch (*Danio rerio*) ebenso wie der aus der Aquakultur bekannte Atlantische Lachs (*Salmo salar*) zu den Teleostei. Auch die in dieser Arbeit verwendete Regenbogenforelle (*Oncorhynchus mykiss*) zählt zu den Teleostei. Sie wird bereits seit dem 19. Jahrhundert in Deutschland teichwirtschaftlich genutzt [Mann, 1961]. Aus den ersten Knochenfischen entwickelten sich als Subtaxon der Fleischflosser die Tetrapoda, die Landwirbeltiere, zu denen die Mammalia, die Säugetiere, zählen. Den vielfältigen Formen dieser Klasse gehören die Rodentia, die Nagetiere, mit etwa 1750 Arten an, beispielsweise die weltweit in den Laboren genutzte Wanderratte (*Rattus norvegicus*) sowie die Europäische Hausmaus (*Mus musculus*). Die jüngste Evolution hat der Mensch (*Homo sapiens*) durchlaufen, der zu den Primaten (ca. 250 Arten) gezählt wird. Obwohl Details der Humanentwicklung noch ungeklärt sind, ist heute bekannt, dass der moderne Mensch vor etwa 200.000 Jahren in Afrika entstanden sein muss [Tattersall, 2009]. Doch wie ähnlich sind sich Fisch und Mensch noch? Beide bewohnen unterschiedliche Habitate (Wasser und Land) und haben sich entsprechend angepasst. Trotz der enormen Zeitdifferenz in der Evolution haben sich einige ihrer Organe, zum Beispiel das Pankreas, kaum, andere Organe wie die Haut hingegen sehr verändert. Da sich die Organe evolutiv gesehen ebenfalls stetig an die Umweltbedingungen angepasst haben, lässt sich vermuten, dass es unzählige Vorläufer dieser Organe gab, sodass die heute gefundenen Strukturen nur einen unzureichenden Einblick in das volle Spektrum der Organvariationen bieten [Rakers et al., 2010].

2 Einleitung

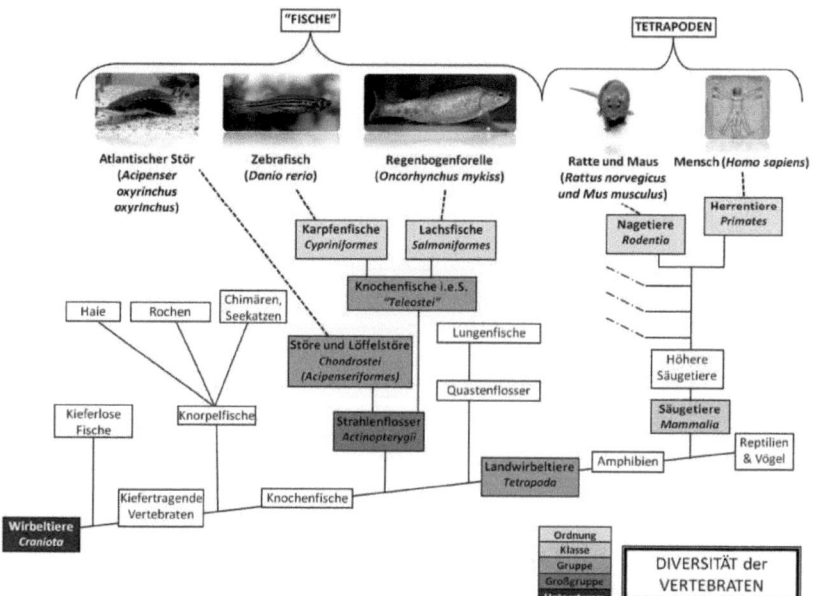

Abbildung 2.1 | Diversität der Vertebraten. Vereinfachtes und reduziertes Kladogramm des Unterstamms Craniota (Wirbeltiere). Unter den „Fischen" finden sich sowohl kieferlose Fische als auch Knorpel- und Knochenfische. Von den kiefertragenden Vertebraten (Gnathostomata) sind derzeit etwa gleich viele „Fisch"- wie Tetrapoden-Arten bekannt [Schultze, 2004]. Kladogramm verändert nach [Rakers et al., 2010].

2.2 Embryogenese bei Fisch und Mensch

Einen optimalen Modellorganismus zum Studium der Embryonalentwicklung stellt der Zebrafisch (*Danio rerio*) aufgrund seiner kurzen Entwicklungszeit (< 48 h) und der durchsichtigen Eihülle, die außerhalb des Mutterleibes liegt, dar [siehe [Granato and Nüsslein-Volhard, 1996]. Viele der beim Zebrafisch gewonnenen entwicklungsbiologischen Erkenntnisse lassen sich auf den Menschen übertragen, weshalb im Folgenden die Embryonalentwicklung des Zebrafisches mit der des Menschen verglichen wird. Der Vorgang der Furchung und Gastrulation verläuft bei verschiedenen Vertebraten unterschiedlich, aber es gibt auch bestimmte, prinzipielle Vorgänge, die sie gemeinsam haben. Beim Menschen und anderen höheren Säugetieren ist die Urzelle, die Zygote, der Ursprung allen Lebens. Hier findet eine rotierende, holoblastische (griechisch *holos*, „ganz") Furchung statt, bei der sich die früh entstandenen Zellen langsam teilen und schließlich eine Blastozyste bilden. Ausgangspunkt der Embryogenese bei Fischen ist ebenfalls die durch Befruchtung des Eies entstehende Zygote. Bereits 40 Minuten später setzt beim Zebrafisch die Furchung der Keimscheibe (engl. *blastodisc*) ein, eine kleine dotterfreie, aus Zytoplasma bestehende Region am animalen Pol des Eies. Da im Unterschied zum Menschen nicht das gesamte, sondern nur ein Teil vom Ei durch die Furchung geteilt wird, spricht man von einer discoidalen, meroblastischen (griechisch *meros*, „Teil") Furchung. Die ersten Zellteilungen beeinflussen den umliegenden Dotter des Eies nicht. Frühe Mehrzellstadien bilden das sogenannte Blastoderm bei der Embryonalentwicklung des Fisches. Bei den durch Kalziumwellen initiierten Zellteilungen [Gilbert, 2006] bleiben die Zellen sowohl bei Säugern als auch bei Fischen, ausgehend von der Zygote bis hin zum 8-Zell-Stadium, totipotent. Eine totipotente Zelle ist befähigt, somatische Zellen aller drei Keimblätter (Ektoderm, Mesoderm, Endoderm) sowie die Trophoblastenzellen der embryonalen Plazenta auszubilden. Folglich kann aus jeder einzelnen Zelle wieder ein vollständiger neuer Organismus entstehen.

2 Einleitung

Die nach den ersten Zellteilungen einsetzende Wanderung von Zellen aus tieferliegenden Regionen des Blastoderms nach außen ist der Beginn der als Gastrulation bezeichneten Phase bei Fisch und Mensch. Die erste Trennung von Zellen der inneren Zellmasse erzeugt beim Fisch wie beim Menschen zwei Schichten. Es entstehen eine oberflächliche Schicht, der Epiblast, und eine innere Schicht, der Hypoblast, welches als Gesamtheit Gastrula oder Becherkeim genannt wird. Bei den Säugetieren enthält die gebildete Blastozyste erste Strukturen in Form von äußeren Zellen, den Trophoblastenzellen, und einer inneren Zellmasse, in der bereits die erste Differenzierung begonnen hat. Die Zellen sind nunmehr pluripotent und können keinen eigenständigen Organismus mehr bilden. Dennoch besitzen sie die Fähigkeit, zu jeder somatischen Zelle heranreifen zu können. Aus der Gastrula entsteht eine zweiblättrige Keimscheibe, gebildet aus dem äußeren embryonalen Ektoderm und dem nach innen gewandten embryonalen Endoderm. Die Entstehung einer dritten Struktur, des embryonalen Mesoderms, wie sie bei den Säugern nachgewiesen wurde, ist beim Fisch noch nicht abschließend geklärt. Bekannt ist, dass nach etwa 9 h bei *D. rerio* mesodermale Zellen zwischen die beiden anderen Keimblätter einwandern. Woher diese mesodermalen Zellen stammen, ist jedoch ungewiss. Beim Menschen entsteht das Mesoderm in der dritten Woche der Embryonalentwicklung durch Abschnürung eines sogenannten Primitivstreifens aus dem embryonalen Epiblasten [Gilbert, 2006]. Für jedes der drei Keimblätter werden die dort gebildeten Zellen multipotent, das heißt ihr Entwicklungspotential beschränkt sich auf die Ausbildung von Strukturen beziehungsweise Zelltypen des jeweiligen Keimblattes. Auf diese Weise kommt es zur Ausbildung hochkomplexer Organe und Gewebe mit teils stark spezialisierten Zelltypen. Die Leber oder die Lunge, das Pankreas und andere Drüsen werden aus dem Endoderm, das Herz, die Muskulatur und hämatopoetische Zellen werden aus dem Mesoderm gebildet. Aus dem Ektoderm entstehen das periphere und zentrale Nervensystem sowie die Haut samt ihrer Hautanhangsgebilde (Haare beziehungsweise Schuppen) und bestimmte Drüsen wie die Parotis, die Ohrspeicheldrüse beim Mensch, oder die schleimbildenden Becherzellen beim Fisch.

2.2.1 Die Entwicklung der Haut

Die Erforschung der Organentwicklung bei Knochenfischen wurde mit dem sich schnell entwickelnden Zebrafisch durchgeführt [Gilbert, 2006, Guellec et al., 2004]. Daher soll die Entwicklung der Haut in Knochenfischen zunächst anhand dieses Modellorganismus beschrieben und mit der Hautentwicklung im Menschen verglichen werden. Die Grundprinzipien der Zebrafischhautentwicklung gelten ebenso für die Regenbogenforelle.

2.2.1.1 Ursprung und Entwicklung

Wie in allen Vertebraten grenzt die Fischhaut mit seiner äußeren Schicht, der Epidermis, das Individuum von seiner Umwelt ab und ist eine der entscheidenden Kontakt- und Kommunikationsschnittstellen des Organismus mit dem externen Milieu [Rakers et al., 2010]. Die Fischhaut ist generell ein muköses und kein keratinisiertes System wie etwa beim Menschen [Moll, 1991]. Über die Hautentwicklung im Zebrafisch ist heute bekannt, dass sich ungefähr 24 h nach der Befruchtung eine subepidermale Schicht zwischen der noch ektodermalen, einlagigen Epidermis und dem mesodermalen Muskelgewebe bildet, die schließlich zur Dermis wird (Abb. 2.2). Dabei werden kollagenhaltige Fasern in diese Schicht eingelagert. Gleichzeitig kommt es zur Ausbildung einer Basalschicht im unteren Teil der Epidermis. Die Epidermis wächst anschließend etwa 20 Tage lang auf insgesamt drei Zellschichten heran [Guellec et al., 2004]. In einer frühen Phase muss es auch zur Ausdifferenzierung von Basalzellen in schleimhaltige Becherzellen kommen, da der Fisch zum Zeitpunkt des Schlupfes, der etwa 48 h nach der Befruchtung erfolgt, auf eine schützende Schleimschicht angewiesen ist. Genauere Erkenntnisse zu den Differenzierungsvorgängen von epidermalen Zellen während der Entwicklung gibt es bislang jedoch nicht. Le Guellec et al. (2004)

2 Einleitung

konnten zeigen, dass ein hoher Anteil an Kollagen-1-alpha-2 im Zytoplasma der frühen epidermalen Zellen vorhanden ist und epidermale Zellen somit während der Differenzierungsphase in die Kollagenproduktion involviert sind. Interessanterweise bleibt das dermale Stroma während der ersten 20 Entwicklungstage azellulär. Etwa 26 Tage nach der Befruchtung kommt es erneut zu einer aktiven Proteinsynthese in Basalzellen der Epidermis, die gleichzeitig mit der Einwanderung von Fibroblasten in das kollagenöse Stroma und der Entwicklung der ersten Schuppen stattfindet. Die Fibroblasten sind in die aktive Sekretion von Kollagen involviert und übernehmen die Kollagenproduktion von den epidermalen Zellen. Dabei bleibt die Herkunft der Fibroblasten noch immer ungeklärt. Möglich ist eine Migration aus untenliegenden Bereichen des konnektiven Septums. Das hieße, sie stammten aus einer Subpopulation von Zellen der Neuralleiste [Guellec et al., 2004]. Weitere fibroblasten-ähnliche mesenchymale Zellen lagern sich oberhalb der Muskelzellen ab und bilden später das dermale Endothel, welches die Dermis von der Hypodermis trennt. Das Zusammenspiel von epidermalen und dermalen Strukturen über den Austausch von Signalmolekülen mag der stimulierende Faktor für die aktive Proteinsynthese der Basalzellen sein [Sire et al., 1997]. Zum Ende der Entwicklungszeit verdichtet sich das Zytoplasma der epidermalen Zellen zunehmend und es bilden sich Mikrofilamente wie Aktinfilamente und Keratinfilamente aus [Guellec et al., 2004], ein typisches Merkmal basaler epidermaler Zellen [Sire et al., 1997].

Die Epidermis der menschlichen Haut entwickelt sich wie beim Fisch aus ektodermalen Zellen und bedeckt den Embryo nach der Bildung des Neuralrohrs. Die innerste Schicht der Epidermis, die Basalschicht, enthält die epidermalen Stammzellen, die sich permanent asymmetrisch teilen um kontinuierlich die obere Epidermisschicht zu bilden. Innerhalb der Basalschicht liegen auch die Sinneszellen für Berührungsreize, die Merkelzellen, sowie die pigmentbildenden Melanozyten. In der oberen Epidermis keratinisieren die Zellen, weshalb sie als Keratinozyten bezeichnet werden [Gilbert, 2006]. Die Keratinozyten verhornen jedoch zunehmend und sterben schließlich ab, weshalb sie ersetzt

2 Einleitung

werden müssen. Die Dermis entwickelt sich durch Migration von mesodermalen Zellen aus dem Neuralrohr und besteht im Wesentlichen aus Fibroblasten und aus zahleichen Blut- und Lymphgefäßen. Durch die Sekretion von löslichen Faktoren (*keratinocyte growth factor*, KGF, *transforming growth factor beta*, TGF-ß) können Fibroblasten das Wachstum und die Differenzierung von humanen und auch murinen Keratinozyten beeinflussen [el Ghalbzouri et al., 2002, Kubo and Kuroyanagi, 2005]. Die Interaktion von Epidermis und Dermis erzeugt an bestimmten Orten die Bildung von Hautanhangsgebilden, je nach Art in Form von Schweißdrüsen, Haaren oder Schuppen [Gilbert, 2006]. Eine epidermale-dermale Interaktion spielt demnach in Säugern wie in Fischen für die Strukturierung der adulten Haut eine wichtige Rolle.

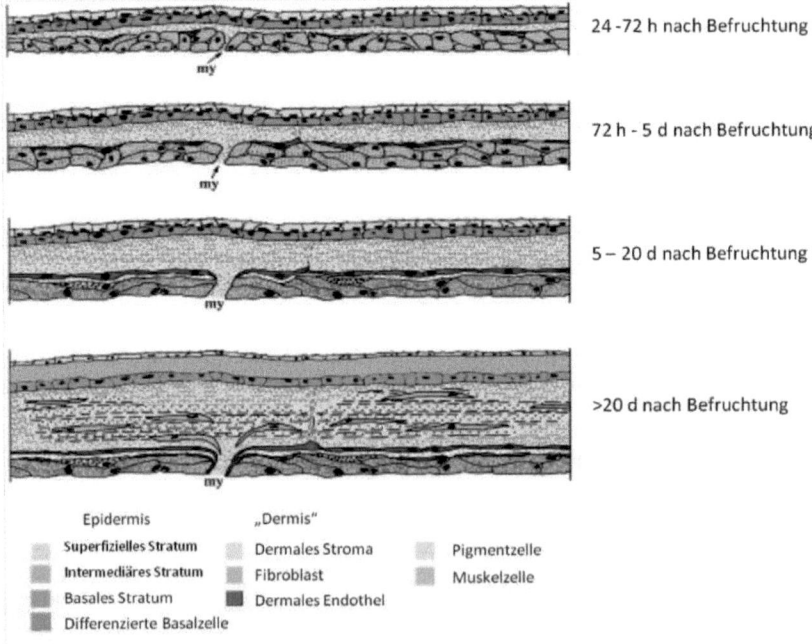

Abbildung 2.2 | Hautentwicklung beim Zebrafisch. Interpretative Zeichnungen der Hautentwicklung beim Zebrafisch in der Zeit von 24 h bis 26 Tage nach der Befruchtung. In den ersten Tagen nach der Befruchtung besteht die Haut nur

aus einer zweilagigen Epidermis, einer basalen Zellschicht, einem superfiziellen Epithel inklusive differenzierter Becherzellen sowie aus Muskelzellen. Zwischen Epidermis und Muskelschicht schiebt sich nach 24 h eine subepidermale azelluläre Schicht aus kollagenhaltigem Material. Dieses bildet sich zu einem dermalen Stroma aus und vergrößert sich nach etwa drei Tagen über die Bildung von Kollagenfibrillen. Nach fünf Tagen entsteht ein dermales Endothel, das die Dermis von der darunter liegenden Hypodermis und Muskulatur trennt. Erste Fibroblasten wandern nach etwa 20 Tagen vermutlich über die Myosepten (my) in das dermale Stroma ein. Gleichzeitig differenziert die Epidermis weiter aus. Es entstehen ein intermediäres Stratum aus differenzierten Zellen und ein basales Stratum mit undifferenzierten Basalzellen. Darüber hinaus kommt es zur Entwicklung erster Schuppen (nicht abgebildet). Veränderte Abbildung nach [Guellec et al., 2004].

2 Einleitung

2.2.1.2 *Strukturen und Zelltypen*

Die Haut der meisten Fischarten besteht grundsätzlich aus zwei Lagen, einer äußeren Epidermis und einer inneren Dermis (Abb. 2.3). Die äußere Oberfläche eines Fisches ist komplett von einer Schleimschicht überzogen, dem Fisch-Mukus, der wichtige Funktionen wie die Abwehr von Pathogenen, die Osmoregulation und die Verringerung des Strömungswiderstandes erfüllt.

Bei der Haut der Knochenfische besteht die Epidermis aus zwei bis maximal zwölf Schichten lebender Zellen [Schliemann, 2004, Webb and Kimelman, 2005], wobei in allen Bereichen Mitosen stattfinden können. Die Epidermis enthält in der Regel keine verhornten, keratinisierten Schichten oder Zellen wie die des Menschen. Die einzige epitheliale Kohärenz wird durch enge Zell-Zell-Kontakte der superfiziellen Epithelzellen gewährleistet [Whitear, 1986]. Dieser Zusammenhang wird von einzelnen Becherzellen unterbrochen, die ihren proteinreichen Schleim kontinuierlich an die Oberfläche sezernieren (Abb. 2.3). Durch kleine Kanäle an der Außenseite des Epithels, den sogenannten Mikrofurchen (*microridges*), wird der Schleim, der sich aus Glykokonjugaten wie z.B. dem Glykoprotein Muzin zusammensetzt und proteolytische Enzyme sowie antibakterielle Peptide enthält, über die komplette Oberfläche verteilt. Die Becherzellen werden nach Abgabe des Mukus abgebaut, wodurch es zu einem kontinuierlichen Umsatz in der Epidermis kommt. Damit Zellen entsprechend nachproduziert werden, dienen vermutlich wie beim Menschen die Basalzellen als Stammzellreservoir. Sie liegen im inneren Teil der Epidermis, dem *Stratum basale*, und wandern durch den mittleren Teil, dem *Stratum intermediate*, wo sie differenzieren, nach außen zum *Stratum superfiziale*. Die Geschwindigkeit, mit der Zellen gebildet und abgegeben werden, dauert in etwa vier Tage. Dies kann in Abhängigkeit von Epidermisdicke, Lokalisation und hormoneller Steuerung variieren. Basalzellen können je nach Fischart in weitere spezialisierte Zelltypen ausdifferenzieren, darunter sensorische Zellen, Schreckstoffzellen und Chloridzellen [Whitear, 1986].

2 Einleitung

Die Verbindung zwischen den Basalzellen der Epidermis, der Basalmembran und der sich anschließenden extrazellulären Matrix der Dermis wird von Hemidesmosomen gebildet [Friedman, 2010]. Hauptbestandteil neben der kollagenreichen Matrix, dem dermalen Stroma, sind die Fibroblasten, die den Großteil des Kollagens synthetisieren (Abb. 2.2, 2.3). Sie wandern über die Verbindung von Dermis und Muskulatur, den Myosepten, in die Dermis ein. Neben den Fibroblasten sind Melanozyten ein wichtiger Zelltyp der Dermis der Fische. In der Regenbogenforelle sorgen sie gemeinsam mit den Iridophoren für das schillernd reflektierende Schuppenkleid des Fisches. Sie dienen nicht nur der Farbgebung, sondern schützen vor UV-Einstrahlung in tiefere Hautschichten und sind über das Melanin-konzentrierende Hormon (MCH), das als Neurotransmitter wirkt, an der neuromodulierten Nahrungsaufnahme beteiligt [Kawauchi, 2006].

Wie beim Menschen die Haare, so stellen die Schuppen, eingebettet in die Dermis, in der Fischhaut die einzigen Hautanhangsgebilde dar (Abb. 2.3). Die Schuppen der Fische sind rundliche, aus dem harten Bestandteil Dentin gebildete Strukturen der Dermis, die rundherum von einer dünnen, am freien hinteren Ende meist becherzellreichen, mukösen Epidermisschicht bedeckt sind. Bei den rezenten Fischen werden vier Haupttypen unterschieden: Zahnschuppen (Plakoidschuppen), kennzeichnend für die meisten Knorpelfische; Schmelzschuppen (Ganoidschuppen), die bei altertümlichen Strahlenflossern vorkommen sowie Kammschuppen (Ctenoidschuppen) und Rundschuppen (Cycloidschuppen) der eigentlichen Knochenfische, die als Elasmoidschuppen zusammengefasst werden [Sire, 1989, Westheide et al., 2004]. Die Elasmoidschuppen werden ausschließlich in der Dermis ohne Beteiligung der Epidermis [Schliemann, 2004] in sogenannten Schuppentaschen von mesenchymalen Osteoblasten, die auch als Skleroblasten bezeichnet werden, gebildet und bestehen aus nur zwei dünnen Schichten mit unterschiedlicher Feinstruktur und unterschiedlichem Kalkgehalt [Sharpe, 2001]. Die untere Schicht ist aus nahezu unverkalkten, lamellenartigen Kollagenfasern aufgebaut, die obere Schicht besteht aus spongiösem Hydroxylapatit. Die Schuppen liegen meist in

2 Einleitung

regelmäßigen Reihen und überdecken sich nach hinten dachziegelartig [Schliemann, 2004].

Funktionell dienen Schuppen dem mechanischen Schutz. Darüber hinaus tragen sie aber auch dazu bei, dass die Strömung an der Grenzschicht zwischen Körperoberfläche und umströmendem Wasser laminar bleibt, wodurch der Strömungswiderstand optimal herabgesetzt wird [Schliemann, 2004]. Die schuppenbildenden Osteoblasten (Abb. 2.3) sorgen für ein sehr hohes Regenerationspotential der Schuppen [Takagi and Ura, 2007]. Bei Verlust einer Schuppe kann in wenigen Tagen eine neue Schuppe nachgebildet werden.

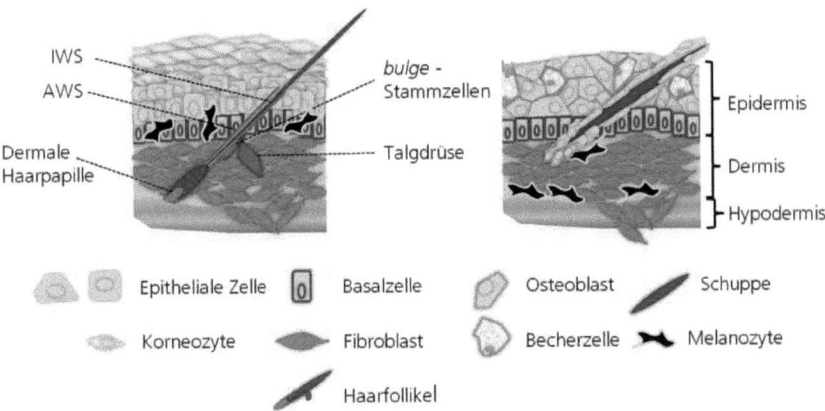

Abbildung 2.3 | Hautmodelle von Mensch und Fisch. Die humane Haut besteht aus einer verhornten Epidermis, einer Dermis, in die Haarfollikel eingebettet sind, und einer Hypodermis. Die wesentlichen Zelltypen der Epidermis sind Keratinozyten und epitheliale Zellen, die aus den Basalzellen entstehen. Zwischen den Basalzellen liegen vereinzelt Melanozyten vor. Die Dermis besteht überwiegend aus Fibroblasten sowie aus extrazellulären Matrixkomponenten wie Kollagen und Elastin. Der Haarfollikel selbst beherbergt verschiedene Stammzellpopulationen, dazu zählen Populationen der hier abgebildeten Talgdrüse ebenso wie Populationen im Mesenchym der Haarpapillenregion [Lako et al., 2002, Kruse et al., 2006a, Tiede et al., 2007]. In der *bulge*-region konnten ebenfalls Stammzellen nachgewiesen werden [Tumbar et al., 2004]. Die Haut der Teleostei besteht im Wesentlichen aus einer Epidermis und einer Dermis mit subkutanem Fettgewebe. Dargestellt sind die verschiedenen Zelltypen, die generell in allen Teleostiern vorkommen,

dazu zählen die Epithelzellen und die Schleim enthaltenen Becherzellen (*mucus goblet cells*) der Epidermis, die von Progenitorzellen der Basalschicht gebildet werden. Basalzellen bilden zudem die Basalmembran aus, die eine Abgrenzung zur Dermis darstellt. In der Dermis kommen Fibroblasten, Melanozyten und in die Dermis eingebettete Schuppen vor, welche mit Epithelzellen bedeckt sind und von Osteoblasten gebildet werden. Unterhalb der Dermis befindet sich die fettreiche Hypodermis und das Muskelgewebe, welches über Myosepten den Kontakt zur Dermis hält.

IWS: innere Wurzelscheide, AWS: äußere Wurzelscheide.

2.3 Definitionen von verschiedenen Zellen und Zellkulturen

2.3.1 Primärzellen

Als Primärzellen werden diejenigen Zellen bezeichnet, die unmittelbar aus einem Organ oder Gewebe isoliert wurden und die sich in der *in vitro* – Kultur nur beschränkt vermehren lassen. Sie besitzen eine begrenzte Teilungsfähigkeit und sind meist ausgereifte Zellen, die deshalb nur wenig proliferieren [Freshney, 2010a].

2.3.2 Zelllinien und Langzeit-Zellkulturen

Als Zelllinien werden Zellkulturen bezeichnet, die immortal, also unsterblich sind. Sie haben diese Fähigkeit entweder durch spontane Mutation oder durch gezielte Transformation, beispielsweise durch die Einschleusung bestimmter Faktoren, erhalten. Zelllinien können außerdem durch Klonierung entstehen [Freshney, 2010b]. Sie sind ein wertvolles Werkzeug in biologischen und medizinischen Untersuchungen. Zellkulturen, die nicht kloniert oder transformiert wurden, aber dennoch mehrfach subkultiviert werden können, werden auch als Langzeit-Zellkulturen bezeichnet.

2.3.3 Stammzellen

Stammzellen (engl. *stem cells*, SCs) weisen zwei charakteristische Eigenschaften auf. Zum Einen besitzen sie die Fähigkeit zur Selbsterneuerung durch symmetrische Teilung, das heißt, dass aus einer Stammzelle nach ihrer Teilung immer wieder zwei neue Tochter-SCs mit gleichen Eigenschaften entstehen können. Zum Anderen können Stammzellen durch asymmetrische Teilung verschiedene differenzierte Zelltypen hervorbringen und sich dabei selbst erhalten. Dadurch unterscheiden sich die

SCs beispielsweise von den Progenitorzellen, die zwar in verschiedene Zelltypen differenzieren, aber sich nicht selbst erhalten können (Abb. 2.4) [Watt and Driskell, 2010]. SCs können aufgrund ihrer Potenz, also der Fähigkeit der SCs, in die drei Keimblätter (Ektoderm, Mesoderm, Endoderm) differenzieren zu können, und ihrer ontogenetischen Entwicklung unterschieden werden. Zellen der inneren Zellmasse, der Blastozyste, können *in vitro* in Zelltypen aller drei Keimblätter inklusive der Keimbahn differenzieren [Thomson et al., 1998]. Keimzellen bis zum 8-Zell-Stadium, die sowohl den Trophoblast als auch die innere Zellmasse der Blastozyste bilden können, werden als totipotent bezeichnet. Die embryonalen Stammzellen, die in Zellen aller drei Keimblätter differenzieren können, sind pluripotent und unterscheiden sich von der Multipotenz der adulten Stammzellen, die *in vivo* meist nur Zellen eines Keimblattes ausbilden können [Solter, 2006]. Es konnte jedoch gezeigt werden, dass adulte Stammzellen *in vitro* auch ein keimblattübergreifendes Potential besitzen können [Pittenger et al., 1999, Petschnik et al., 2011].

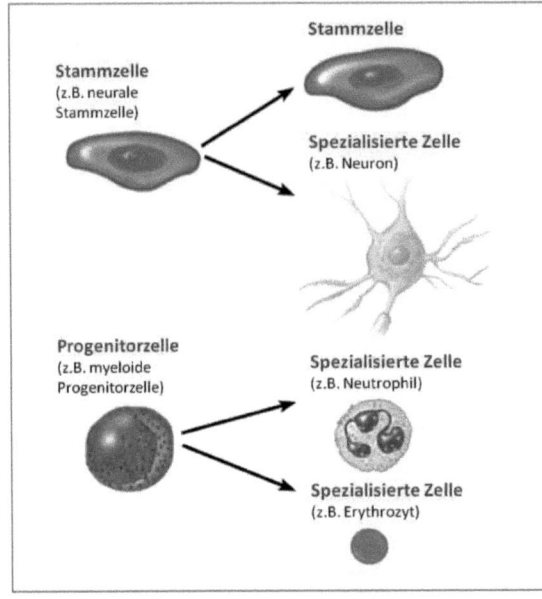

Abbildung 2.4 | Unterscheidungen zwischen Stamm- und Progenitorzellen. Eine Stammzelle ist eine undifferenzierte Zelle, die sich über asymmetrische Teilung selbst erhält und zusätzlich in eine Vielzahl an spezialisierten Zelltypen differenzieren kann. Dabei bleibt eine Tochterzelle stets Stammzelle mit den gleichen Eigenschaften und Fähigkeiten wie die Mutterzelle. Eine Progenitorzelle ist nicht spezialisiert oder besitzt nur teilweise Eigenschaften einer differenzierten Zelle, sie kann aber noch in unterschiedliche Zelltypen differenzieren. Aufgeführt ist an dieser Stelle ein Beispiel einer myeloiden Progenitorzelle, aus der sich durch Teilung sowohl neutrophile Blutzellen als auch rote Blutkörperchen entwickeln können. Veränderte Abbildung nach [Winslow and Kibiuk, 2001].

2.4 Embryonale Stammzellen bei Maus, Mensch und Fisch

Der Begriff „Embryonale Stammzelle" (engl. *embryonic stem cell*, ESC) wurde erst 1981 von Gail Martin durch die Gewinnung von Zellen der inneren Zellmasse eines Mäuseembryos eingeführt [Martin, 1981]. Zeitgleich gelang auch der Gruppe von Martin Evans und Matthew Kaufman die Isolierung pluripotenter ESCs [Evans and Kaufman, 1981]. Erst 1998 waren Wissenschaftler um James Thomson in der Lage, die ersten humanen embryonalen Stammzellen (hESCs) zu erhalten [Thomson et al., 1998]. Dazu verwendeten sie die bei einer künstlichen Befruchtung *in vitro* erzeugte Embryonen, die nicht eingepflanzt wurden. Heute ist es in Deutschland aufgrund des §8 des Embryoschutzgesetzes nur unter Einhaltung strikter Auflagen möglich, an hESCs zu forschen. Weltweit sind Forschungen an hESCs hingegen sehr verbreitet. ESCs besitzen die Eigenschaft, in der Kultur stark zu proliferieren, sodass sie sich rasch vermehren. Zusätzlich zählt die Bildung von Teratomen nach Injektion *in vivo* als weitere Eigenschaft embryonaler Stammzellen [Takahashi and Yamanaka, 2006]. Neben der Teratombildung weist die Kultivierung von ESCs weitere Nachteile auf. Sie benötigen meist sogenannte *feeder layer* in Form von bestrahlten Fibroblasten, die nicht mehr proliferieren, aber noch bestimmte Wachstumsfaktoren und Zytokine sezernieren, um gut zu wachsen. Zudem differenzieren sie relativ schnell aus [Martin and Evans, 1975]. Aus diesem Grund wurde nach weiteren Möglichkeiten gesucht, pluripotente Stammzellen zu erhalten. Im Jahr 2006 wurde die Entdeckung der induzierten pluripotenten Stammzellen (iPS-Zellen) aus Mausfibroblasten durch Einschleusung von vier Transkriptionsfaktoren, Oct 3/4, Sox2, c-Myc und Klf-4 beschrieben (Abb. 2.5) [Takahashi and Yamanaka, 2006]. Ein Jahr später gelang dies mit humanen Fibroblasten [Takahashi et al., 2007, Yu et al., 2007]. Diese Zellen wiesen nach der Induktion Wachstumseigenschaften von ESCs auf und exprimierten bekannte ESC-Markergene. Es wurde postuliert, dass annähernd jede somatische Zelle umprogrammiert werden könnte und somit den pluripotenten Status erhielte. Zwei kürzlich veröffentlichte Studien [Gore et al., 2011, Hussein et al., 2011] zeigten jedoch, dass verschiedene iPS-

Zelllinien erhebliche Mutationen im Genom aufwiesen. Noch ist unklar, ob diese Mutationen durch die Reprogrammierung oder während der Proliferationsphase in der Kultur auftraten.

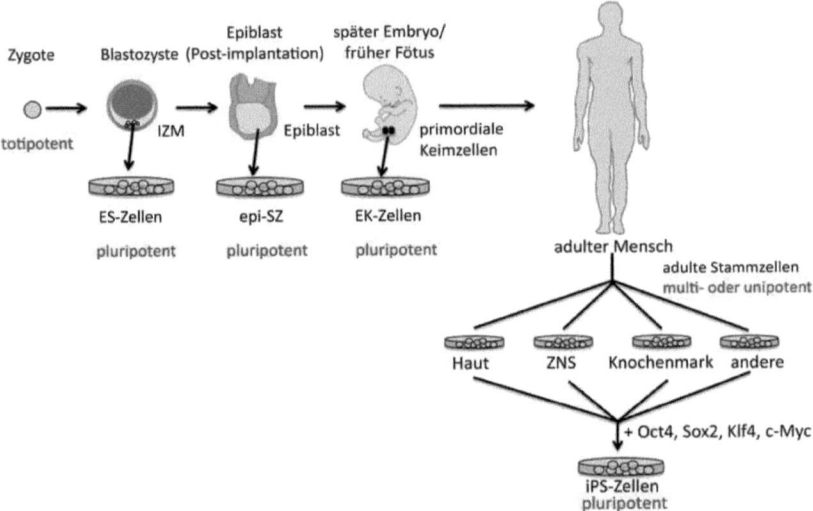

Abbildung 2.5 | Ursprung der Stammzellen. Die Entwicklung von totipotenten zu unipotenten Stammzellen verläuft von der Zygote über embryonale Stammzellen aus der Blastozyste bis zu adulten Stammzellen. Die Induktion von pluripotenten Stammzellen erfolgt schließlich mittels Einschleusung der vier Faktoren Oct4, Sox2, Klf4 und c-Myc, wodurch Zellen aus verschiedenen Geweben wieder pluripotent werden. ZNS: Zentralnervensystem, IZM: Innere Zellmasse, EK-Zellen: emybronale Keimzellen, ES-Zellen: embryonale Stammzellen, epi-SZ: Epiblasten Stammzellen, iPS-Zellen: induzierte pluripotente Stammzellen. Abbildung aus [Watt and Driskell, 2010].

Bereits seit etwa 20 Jahren wird mit embryonalen Stammzellen aus Fischen gearbeitet [Gong et al., 2003, Fan and Collodi, 2006, Alvarez et al., 2007, Barnes et al., 2008, Hong et al., 2011], nachdem die ersten Techniken aus der embryonalen Mausstammzellforschung für den Zebrafisch (*Danio rerio*) und den Medaka (Reiskärpfling, *Oryzias latipes*) übernommen wurden [Collodi et al., 1992, Wakamatsu et al., 1994]. Dabei setzte man ebenfalls die *feeder layer* ein, um die ES-Zellen zu stimulieren. Doch auch *feeder*-freie Zellkulturen wurden etabliert [Hong et al., 2011]. Auf diese Weise konnten aus verschiedenen Fischen ES-Zellen gewonnen werden, zu denen unter anderem die Dorade (*Sparus aurata* [Béjar et al., 2002]), der Kabeljau (*Gadus morhua* [Holen et al., 2010]) oder der Steinbutt (*Psetta maxima*, [Holen and Hamre, 2004]) zählen. Neben den ES-Zellen wurden aus Fischen primordiale Keimzellen (engl. *primordial germ cells*, PGCs) gewonnen [Xu et al., 2010], darunter auch PGCs aus der Regenbogenforelle (*Oncorhynchus mykiss*) [Yoshizaki et al., 2000]. Bislang wurden diese Zellen für Reproduktionstechnologien wie Gentargeting, Keimzell-Transplantationen oder Zellkerntransfer genutzt [Hong et al., 2011].

2.5 Adulte Stammzellen

2.5.1 Lokalisation und Aufgaben

Adulte SCs sind multipotent und ontogenetisch gesehen die sich spät entwickelnden somatischen Zellen [Leeb et al., 2011]. Sie sind Zeit des Lebens eines Organismus im Körper vorhanden und beteiligen sich an der Homöostase und Regeneration von Geweben und Organen [Weissman, 2000]. Aus den adulten SCs bilden sich fortlaufend neue spezialisierte Zellen. Sie werden in nahezu allen Geweben vermutet [Zhao et al., 2008, Watt and Driskell, 2010], jedoch sind es vorwiegend distinkte Stammzellreservoire, sogenannte Nischen (Abb. 2.6), aus denen sie in ausreichender Zahl isoliert werden können. Zu den Organen mit entsprechenden Nischen zählen insbesondere das Knochenmark, die Haut sowie verschiedene Drüsengewebe wie das Pankreas, die Schweißdrüsen oder die Speicheldrüsen [Lavker and Sun, 1983, Suva et al., 2004, Kruse et al., 2004, Prockop, 2007, Petschnik et al., 2010, Pringle et al., 2011]. Auch im Gehirn, der Leber und im Fettgewebe lassen sich adulte SCs finden [Crosby and Strain, 2001, Johansson et al., 1999, Zuk et al., 2002]. Die Stammzellen werden erst bei Bedarf, beispielsweise nach einer Verletzung oder bei Apoptose einer terminal differenzierten Zelle, aktiviert. Die Nischen, in denen sich die Stammzellreservoire befinden, sind vom Gewebetyp abhängig. Damit ist die jeweilige Stammzelle spezifisch für ihr Zielgewebe. Es gibt beispielsweise neurale Stammzellen des zentralen Nervensystems [Johansson et al., 1999], mesenchymale Stammzellen des Bindegewebes [Young et al., 1995], Hepatozyten-Stammzellen der Leber [Crosby and Strain, 2001] oder hämatopoetische Stammzellen des Blutes [Baum et al., 1992].

Weitere Unterteilungen der adulten SCs sind hinsichtlich ihrer Differenzierungsfähigkeit möglich, da nicht jede adulte SC multipotent ist und in alle Zelltypen eines Keimblattes differenzieren kann. Zudem können adulte Stammzellen *in vitro* andere Eigenschaften aufweisen als *in vivo*. Die ersten Berichte zu adulter Stammzell-Plastizität wurden in den vergangenen Jahren veröffentlicht. Jedoch sind bis heute viele Forscher zurückhaltend mit Aussagen zur Potenz adulter SCs. Es gibt oligopotente SCs, die in viele, aber nicht alle Zelltypen eines Keimblattes differenzieren können und unipotente SCs, die nur einen einzigen Zelltyp reproduzieren [Blanpain et al., 2007, Majo et al., 2008]. Möglicherweise sorgt sowohl dieses beschränktere Differenzierungspotential als auch die geringe Anzahl adulter SCs im Gewebe für die Schwierigkeiten bei der Isolierung und Propagierung *in vitro* im Vergleich zu ESCs [Grimaldi et al., 2008]. Vor allem ein keimblatt-überschreitendes Differenzierungspotential, die sogenannte Transdifferenzierung [Perán et al., 2011], der adulten SCs ist umstritten [Bongso and Richards, 2004], auch wenn es bereits in verschiedenen Studien [Kruse et al., 2006b, Rapoport et al., 2009b, Chaffer et al., 2011] beobachtet wurde. Zudem gibt es einige Publikationen, in denen von Populationen adulter SCs berichtet wird, die *in vitro* in Zellen anderer Keimblätter differenzieren, folglich multi- bis pluripotent sind [Kruse et al., 2004, Seeberger et al., 2006, Rotter et al., 2008, Kossack et al., 2009]. Zu den Geweben, aus denen solche adulten SCs isoliert werden konnten, gehört auch das Pankreas [Kruse et al., 2004, Seeberger et al., 2006]. Adulte SCs eignen sich hervorragend für Anwendungen in der Medizin, da sie sich aufgrund ihrer geringeren Neigung zur malignen Entartung bei einer Transplantation für eine allogene oder Zellersatz-Therapie einsetzen lassen [Leeb et al., 2011]. Zudem ist es gegenwärtig möglich, adulte SCs über die Zugabe von Differenzierungsfaktoren oder mittels Kokultur gezielt in gewünschte Richtungen differenzieren zu lassen, sodass ein erhöhter Prozentsatz an bestimmten Zelltypen erhalten werden kann [Petschnik et al., 2009].

Bis heute ist sehr wenig über adulte Stammzellen in Fischen und speziell in Regenbogenforellen bekannt. Zu den möglichen Nischen von Stammzellpopulationen in der Fischhaut zählen die Basalmembran [Lee and Kimelman, 2002], die Schuppentasche [Sire, 1989, Sire and Akimenko, 2004] und fibroblasten-ähnliche Vorläuferzellen [Guellec et al., 2004]. Zellkulturen aus adulten Stammzellen sind wenig beschrieben worden. Jüngste Studien zu adulten Kopfnierenstammzellen im Zebrafisch griffen jedoch das Potential adulter Stammzellen und deren Erforschung in Fischen auf [Diep et al., 2011].

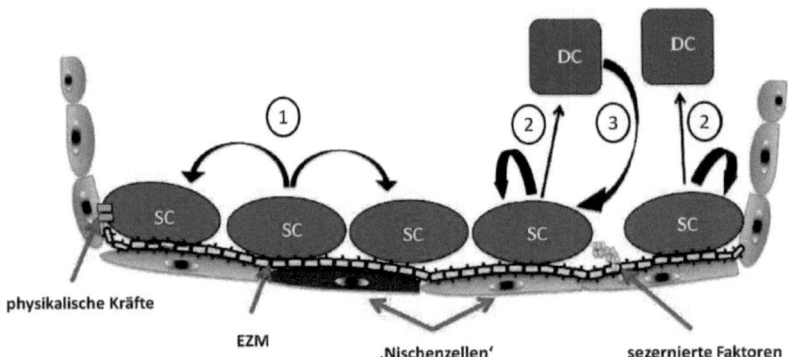

Abbildung 2.6 | Die Stammzellnische. Stammzellen (SC) teilen sich symmetrisch in zwei neue Stammzellen (1) oder asymmetrisch in eine Stammzelle und eine differenzierte Zelle (DC) (2). Unter bestimmten Bedingungen kann eine differenzierte Zelle zur Stammzelle redifferenzieren (3). Verschiedene Komponenten der Stammzellnische sind dargestellt. Dazu gehören die extrazelluläre Matrix (EZM), Zellen in unmittelbarer Nähe der Stammzellen, die Nischenzellen, sezernierte Faktoren (wie zum Beispiel Wachstumsfaktoren) und physikalische Faktoren wie Sauerstoffzug, Festigkeit und Dehnbarkeit. Veränderte Abbildung nach [Watt and Driskell, 2010].

2.5.2   Regeneration bei Mensch und Fisch

Als Regeneration wird das Ersetzen von verloren gegangenen Körperteilen bezeichnet, wobei Masse und Funktion der Teile wiederhergestellt werden [Poss, 2010]. Es gibt zwei Arten von Regeneration: die homöostatische Regeneration bezieht sich auf den natürlichen Ersatz von Zellen, die von Tag zu Tag durch kleinere Wunden, Apoptose und Alterungsprozesse verloren gehen. Die fakultative oder durch

2 Einleitung

Verwundung induzierte Regeneration bezieht sich auf das Ersetzen ganzer Gewebe nach substanziellem Trauma wie einer Amputation oder Ablation. Kein Tier kann ohne regenerative oder selbst-erhaltende Kapazität überleben. Dennoch gibt es eine auffallende Hierarchie des regenerativen Potentials zwischen den Tieren und deren Organsystemen [Poss, 2010]. Der Mensch bildet im Rahmen der Homöostase permanent Blutkörperchen, Hautzellen oder Haare neu und ersetzt alte oder verlorene Zellen mit Hilfe gewebespezifischer Stammzellen (siehe 2.5.1 sowie [Barker et al., 2010]). Eine fakultative Regeneration findet in der humanen Leber statt, wo ein Großteil des Organs wieder ersetzt werden kann [Michalopoulos and DeFrances, 1997]. Die meisten seiner Organe und Extremitäten kann der Mensch jedoch nicht rekonstruieren, d. h. nach einer Amputation gehen ganze Strukturen verloren. Bei kleineren Verletzungen kommt es häufig zur Narbenbildung am Wundrand [Martin, 1997].

Bei Fischen ist dies anders. Viele Fische besitzen gegenüber dem Menschen ein faszinierendes Portfolio an regenerativer Kapazität, sodass sie viele ihrer Organe fast vollständig ersetzen können [Nechiporuk and Keating, 2002]. Sie können Schwanzflossen oder Augen und verschiedene innere Organe wie das Gehirn, das Herz, die Nieren oder das Rückenmark bis zu einem gewissen Grad vollständig ersetzen [Nechiporuk and Keating, 2002, Davidson, 2011]. Beispielsweise ist der Zebrafisch in der Lage, bis zu 20 % des Herzens zu regenerieren [Poss et al., 2003]. Insbesondere die Regeneration der Extremitäten ist bemerkenswert. Viele Studien haben sich in den letzten Jahren mit diesem Thema beschäftigt [Poss et al., 2003, Tanaka, 2003, Kragl et al., 2009, Maki et al., 2009]. Zebrafische bilden nach Verlust ihrer Flossen zunächst eine epidermale Schicht, die epidermale Kappe, am Wundrand aus [Nechiporuk and Keating, 2002]. Diese epidermalen Zellen sowie mesenchymale Zellen sezernieren Signale in Form von parakrinen Faktoren, die eine Blastema-Bildung induzieren. Ein Blastema ist eine Masse von proliferativen Zellen, die sich am Ort des Gewebeverlustes ansammeln und dort das Gewebe ersetzen [Poss, 2010]. Bislang wurde angenommen, dass es ausschließlich multipotente mesenchymale Stamm- oder Progenitorzellen seien, die das Blastema bilden [Kragl et al., 2009, Poss, 2010, Davidson, 2011, Diep et al., 2011]. Knopf et al. (2011) konnten jedoch kürzlich zeigen, dass auch Dedifferenzierung stattfindet und dedifferenzierte Knochenzellen ins Blastema einwandern, um dort wieder in Knochenzellen zu differenzieren. Ausgehend vom Blastema werden alle verlorenen Strukturen exakt wieder hergestellt. Aus diesem Grund wird vermutet, dass eine Art räumliches Gedächtnis existiert, nach dem adulte Zellen die Möglichkeit besitzen, Gewebestrukturen zu rekonstruieren [Poss, 2010]. Untersuchungen an humanen kultivierten Fibroblasten zeigten, dass diese sich aufgrund ihrer räumlichen Position *in vivo* stärker voneinander unterscheiden, als Fibroblasten, die von gleicher Stelle, aber aus unterschiedlichen Individuen isoliert wurden [Chang et al., 2002].

2.5.3 Adulte Stammzellen aus der Haut bei Mensch und Fisch

Die Haut stellt ein sehr besonderes Organ dar. Sie ist mit einer durchschnittlichen Oberfläche von 1,7 m² nicht nur das größte Organ beim Menschen, sondern besitzt funktionell gesehen auch die höchste Vielseitigkeit. So dient sie nicht nur dem Schutz und der Abgrenzung gegenüber der Umgebung, sondern ist vielmehr ein Gewebe zur Kommunikation, zum Fühlen und zur Wahrung des Zellmetabolismus [Rakers et al., 2010].

Sie übernimmt wichtige Stoffwechsel- und immunologische Funktionen wie Thermoregulation, Hormonsynthese, Osmoregulation und dient der Produktion von spezifischen Substanzen wie Pheromonen oder antimikrobiellen Peptiden (AMPs). Über Drüsen steuert sie die Sekretion, bildet den Säureschutzmantel und übernimmt somit eine wichtige Barrierefunktion gegenüber biologischen, chemischen und physikalischen Stressoren [Goldsmith, 1991, Proksch et al., 2008]. Es verwundert daher nicht, dass die Haut des Menschen verschiedene Stammzellreservoire enthält, die in der

Epidermis, in der Dermis und in der Subcutis liegen [Jones and Watt, 1993, Toma et al., 2001, Toma et al., 2005, Gimble et al., 2007, Petschnik et al., 2010]. In der humanen Epidermis wurden Stammzellen gefunden, die sowohl verschiedene Epithelien als auch Keratinozyten ausbildeten [Morris et al., 2004, Morasso and Tomic-Canic, 2005]. Aus der Dermis konnten verschiedene Stammzellpopulationen isoliert werden, diese umfassen neben der in Abbildung 2.3 genannten *bulge*-Region dermale Progenitorzellen [Bartsch et al., 2005] und sogenannte *skin-derived precursor cells* [Toma et al., 2001] sowie multipotente Stammzellen in Form von dermalen Fibroblasten [Chen et al., 2007]. *Adipose-derived stem cells* wurden aus subkutanem Fettgewebe gewonnen [Zachar et al., 2011]. Neben diesen, aus definierten Gewebebereichen gewonnenen Stammzellen haben Kruse et al. (2006) eine einfache Technik entwickelt, um aus humaner Vollhaut Stammzellen zu isolieren.

Die Haut stellt insgesamt ein sehr interessantes Organ für die Stammzellforschung dar, deren Vielseitigkeit auch in Fischen deutlich wird. Entsprechend werden in der Fischhaut verschiedene Stammzellnischen vermutet [Rakers et al., 2010]. Bislang sind jedoch keine adulten Stammzellpopulationen aus der Fischhaut beschrieben worden. Ähnlich wie bei den humanen Haarfollikeln, könnten jedoch die Schuppentaschen der Fische eine Nische für Stammzellen darstellen [Kondo et al., 2001]. Ebenso können Vorläuferzellen in der Basalschicht vermutet werden, aus der sich immer wieder muköse Becherzellen sowie epitheliale Zellen entwickeln.

2.6 *Testsysteme zur Untersuchung toxischer Substanzen*

2.6.1 Akuter Fischtest, GenDarT-Test, Daphnien-Test und zellbasierte Toxizitätstests

Fische und andere Wasserorganismen wie Plankton (Phyto- und Zooplankton) oder benthisch lebende Invertebraten wie Krebstiere werden bereits seit einigen Jahrzehnten für Toxizitätstests verwendet [Agency, 2002]. Es gibt die Möglichkeit einen Stoff hinsichtlich seiner akuten und chronischen Toxizität, seiner Genotoxizität sowie seiner teratogenen und karzinogenen Wirkungen zu bewerten. Der akute

Fischtest (OECD Richtlinie 203, DIN EN ISO 7346) galt lange Zeit als das probate Mittel, um akute Auswirkungen von Giftstoffen im Wasser zu überprüfen. Bei diesem Test werden adulte Goldorfen (*Leuciscus idus auratus*) verschiedenen Giftstoffkonzentrationen ausgesetzt und die letale Dosis (LD_{50}: Dosis, bei der 50 % der Fische sterben) zu unterschiedlichen Zeitpunkten (24, 48 und 72 h) ermittelt (Abb. 2.7). Bei der Untersuchung der chronischen Toxizität werden die Fische über eine Dauer von mindestens 14 Tagen dem Schadstoff exponiert und versucht, die Konzentration ohne sichtbaren Effekt zu ermitteln. Dafür werden Parameter wie Aussehen, Futteraufnahme und das Schwimmverhalten herangezogen. Da hierbei die Generationszeit einen wichtigen Aspekt darstellt, kann der Test viel Zeit beanspruchen, um Fruchtbarkeit und Entwicklung der Eier bis zum Adulttier beobachten zu können [Fent, 2007].

Seit 2005 werden nunmehr keine adulten Fische dafür eingesetzt, sondern Embryonen vom Zebrafisch, die zudem eine Ermittlung der genotoxischen Aktivität eines Stoffes erlauben (*Early life stage test*, OECD 210 und Genexpression-*Danio rerio*-Embryotest, *GenDarT-Test* (DIN 38 415-6, ISO 15088)). Hierbei wird das Expressionsprofil eines bestimmten Sets an Schadstoff-sensitiven Markergenen vom Zebrafisch nach Zugabe des Toxins mit dem normalen Expressionprofil abgeglichen und somit Veränderungen auf transkriptioneller Ebene festgestellt [Yang et al., 2007].

Eine andere Testform stellt der Daphnien-Test (Wasserfloh, *Daphnia magna* (OECD 202, DIN EN ISO 6341)) dar, der das Schwimmverhalten der kleinen Flohkrebse über 24 bis 48 h in einem definierten Medium dokumentiert. Die Testorganismen *Daphnia magna* befinden sich in einem Glascontainer oder Aquarium und werden von einer Video-Kamera permanent beobachtet. Änderungen im Schwimmverhalten der Tiere weisen auf die Anwesenheit von toxischen Stoffen hin (Abb. 2.7). Neben diesen Testsystemen existieren eine Reihe weiterer Möglichkeiten, um Giftstoffe nachweisen zu können. Studien umfassen die Verwendung von Bakterien, Algen, Protozoen und Pilzen (Hefen) sowie Zellkulturen mariner Organismen.

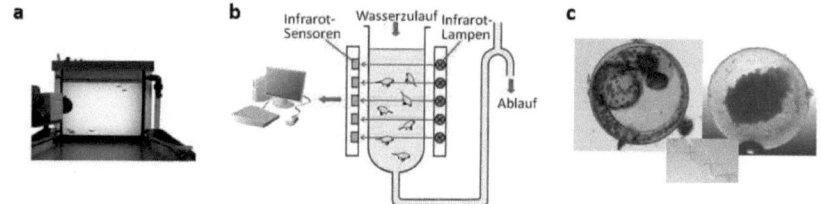

Abbildung 2.7 | Toxizitätstests in der Gewässerüberwachung. A) Akuter Fischtest. Goldorfen oder andere kleine Fische werden in einem Aquarium mit einer Kamera überwacht. Nach Zugabe eines Toxins wird die letale Dosis (LD_{50}) ermittelt, bei der 50 % der Tiere sterben. B) Daphnien-Test. Kleine Wasserflöhe (Daphnien) schwimmen in einem Tank oder Aquarium. Wird ein Giftstoff eingeleitet, ändert sich das Schwimmverhalten der Tiere, das über Sensoren aufgezeichnet wird und gegebenenfalls einen Alarm auslöst. C) GenDarT-Test. Embryonen des Zebrafisches werden mit Toxinen behandelt und die Auswirkungen sowohl morphologischer als auch genetischer Art dokumentiert, um Abschätzungen über die Toxizität eines Stoffes zu erhalten (Bildquellen: a und b: bbe moldaenke und c: Hydrotox GmbH).

Zytotoxizitätstests werden heute vielfach bei Fragestellungen der Medizin eingesetzt, ebenso wie in der Biotechnologie, der Gewässer- und Umweltprüfung und in der Pharmakologie. Seit Inkrafttreten der neuen EU-Chemikalien-Richtlinie REACH (Registration, Evaluation, Authorisation of CHemicals) Anfang 2007 ist ein neuer Bedarf an verlässlichen Testsystemen entstanden. Um alle Chemikalien laut der REACH-Vorgabe bis zum Jahr 2018 zu testen und neu zu bewerten, wären geschätzte 54 Millionen Tierversuche nötig [Hartung and Rovida, 2009]. Doch Tierversuche sind nicht nur ethisch fragwürdig und teilweise wenig aussagekräftig, sie sind vor allem kostenintensiv. Daher werden zunehmend Initiativen gestartet, um Alternativmethoden für Tierversuche zu finden (z.B. [Stephens and Ward, 2010]). Noch gibt es jedoch wenig ausgereifte Testsysteme oder zu stark spezialisierte Anwendungen, die einen generellen Einsatz ausschließen. Im Bereich der Umwelttoxikologie existieren bereits

Systeme, die als Alternativen zum akuten Fischtest eingesetzt werden können, um die Gefährdung von Gewässern durch Schadstoffe abzuschätzen. Dazu zählt zum Beispiel der oben genannte Fischeitest, der in Deutschland anerkannt und zugelassen ist. Jedoch gelten für Abwasserbewertungen im Gegensatz zu Chemikalien keine internationalen Richtlinien. Ein weiteres Problem ist, dass Stoffe unterschiedlich auf Organismen wirken. So können Insektizide Invertebraten wesentlich schwerwiegender beeinflussen als Fische oder Algen [Helfrich et al., 2009].

In den Lebenswissenschaften (engl. *life science*) ist das *in vitro* – Kultivierungsmodell ein unersetzbares Werkzeug zur Ermittlung von Auswirkungen bestimmter Stoffe oder zur Bestimmung von metabolischen Vorgängen, da es in Untersuchungen unter optimal kontrollierbaren Bedingungen einen direkten Zugang zu spezifischen Funktionen von Zellen, Geweben und Organen erlaubt [Lee et al., 2009]. Darüber hinaus gibt es Zelllinien-basierte Toxizitäts-Assays, die vorwiegend bei vorklinischen Studien eingesetzt werden, um die Wirkung und mögliche Toxizität, beispielsweise eines Arzneistoffes, zu ermitteln. Bevorzugt werden dabei Zellen von Mäusen (z.B. NIH-3T3), Ratten und Hamstern. Für klinische Studien werden mittlerweile humane Zellkulturmodelle (humanes Gewebe, Tumorzelllinien, Primärzellen, Stammzellen) favorisiert, da sie die Toxizität im Menschen bestmöglich widerspiegeln [Castaño et al., 2003, Krewski et al., 2007]. Zellen bieten als primäre Interaktionsfläche Möglichkeiten, die Wirkung von toxischen Stoffen im Hinblick auf ihre mechanistischen und interaktiven Eigenschaften zu untersuchen. Auf diese Weise können Faktoren ermittelt werden, die die Balance zwischen schützenden und pathologischen Prozessen kontrollieren [Segner, 1998]. Die Variabilität der Zellantworten, beispielsweise auf induzierten Stress, lässt sich dabei sehr gut reduzieren. Dies hängt damit zusammen, dass Zellen anderer Organe erst gar nicht angesprochen werden und somit systemische Effekte minimiert werden. Aufgrund der *REACH*-Verordnung ist ein großer gesellschaftlicher und ökonomischer Druck entstanden, mindestens einen Teil der zu testenden Stoffe *in vitro* zu untersuchen. Dabei sollen sowohl spezielle Zelllinien als auch interaktive, organotypische Kulturen genutzt werden [Bhogal et al., 2005, Fent, 2007]. Primärzellen haben den Vorteil, dass sie *in vitro* viele der Eigenschaften beibehalten, die sie *in vivo* besitzen und somit die dortigen biologischen Prozesse nachbilden. Jedoch überleben sie nicht über längere Zeit *in vitro*, weshalb sie ökonomisch gesehen unrentabel sind. Langzeit-Zellkulturen lassen sich hingegen je nach Bedarf einfrieren, auftauen und ohne starken Verlust der Wachstumseigenschaften häufig passagieren, weshalb sie schnell verfügbar und einfach zu gebrauchen sind. Sie verlieren in der Kultur jedoch häufig ihre Identität, also die funktionellen, strukturellen und metabolischen Eigenschaften ihres Herkunftsgewebes und sind deshalb nur bedingt repräsentativ [Segner, 1998]. Jede Zellkultur, ob Primärkultur oder Langzeit-Zellkultur, erfordert spezielle Kultivierungsbedingungen. Nach der Isolierung einer Zelle aus dem Gewebe und dem Einbringen in Zellkulturflaschen kommt es zu Änderungen der Zelleigenschaften. Diese sind bedingt durch die artifizielle Umgebung der *in vitro* Kultur und das Fehlen von Faktoren, die die Zellintegrität im Gewebe gewährleisten [Rapoport et al., 2009b, Peters et al., 2009]. Die Veränderungen können morphologischer, physiologischer oder biochemischer Natur sein. Dazu gehören beispielsweise Veränderungen der Adhäsion, Permeabilität, des Intra- und Interzellulären Transportes sowie der Kommunikation, Kontaktinhibition, Sekretion, Expression von Enzymen und Antigenen. Daher ist zu beachten, dass eine Zellintegrität, wie sie im Gewebe vorliegt, nicht in gleicher Form bei *in vitro* Kulturen gegeben sein muss. Kombinationen von Zellen, die als interaktive organotypische Kulturen die Vorgänge *in vivo* besser widerspiegeln, wären deshalb von Vorteil.

Die Mehrheit der Zellkulturmodelle wird für Proliferations- und Apoptosemessungen eingesetzt, da hierbei die Wirkung einer Substanz unmittelbar über das Einsetzen von Wachstumsarrest, Nekrose oder Apoptose der Zellen gemessen werden kann [Segner, 1998]. Obwohl stets zu beachten ist, dass

2 Einleitung

Zytotoxizität und Proliferation *in vitro* nicht direkt vergleichbar mit der Situation *in vivo* sind, können zellbasierte Systeme gleichwohl wichtige Informationen über die Wirkung der Substanz auf zellulärer Ebene liefern [Bols, 1991]. Für die Ermittlung der relativen Toxizität von Chemikalien können Endpunktbestimmungen von Apoptose, Viabilität, Funktionalität, Metabolismus, Morphologie, Zellwachstum und Proliferation gehören [Segner, 1998, Bols et al., 2005]. Zusätzlich können Faktoren wie der mitotische Index, Veränderungen in der Gesamtproteinkonzentration der Zellen, RNA und DNA-Konzentrationen, Zelladhäsion und Stoffaufnahme wie Stoffabgabe wichtige Zusatzinformationen liefern [Bols et al., 2005].

2.6.2 Fisch-Zelllinien als Werkzeuge für zellbasierte Testsysteme

Wie im vorherigen Kapitel erwähnt, werden Zelllinien aus Maus und Ratte bereits seit einigen Jahren routinemäßig für Zytotoxizitätsmessungen eingesetzt. Das Interesse an Zelllinien ist in den letzten Jahrzehnten stetig gestiegen. Sie stellen aufgrund der Möglichkeit, sie jederzeit einfrieren und auftauen zu können, eine praktische, stets verfügbare Quelle dar. Bisher sind in Biobanken, wie den Zellbanken ATCC (*American Type Culture Collection*) oder ECACC (*European Collection of Cell Cultures*) jedoch überwiegend Zellen aus Ratte, Maus, Hamster oder Mensch zu finden. Der Anteil an evolutiv einfacheren Organismengruppen wie den Fischen ist hingegen sehr niedrig. Fischzelllinien beanspruchen in der ECACC mit 22 Zelllinien gerade einmal 2 %, in der ATCC mit 31 von insgesamt 3400 Zelllinien weniger als 1 %, obwohl Fische mehr als die Hälfte aller Vertebraten-Arten repräsentieren. Dennoch sind seit den 1960er Jahren viele Fischzelllinien hinzugekommen. Dabei machten Wolf und Quimby (1962) mit der gonadalen Zelllinie aus der Regenbogenforelle, genannt RTG-2, den Anfang der Arbeit mit Fischzellen. Aktuell existieren 283 beschriebene Zelllinien aus marinen und Süßwasserfischen [Lakra et al., 2010]. Die große Vielfalt, die der Ozean, die Seen und die

2 Einleitung

Flüsse an Fischarten bieten, wird zwar noch nicht annähernd erreicht, aber immerhin sind eine Vielzahl an Fischzelllinien hinterlegt, die aus verschiedenen Organen und Arten stammen. Dazu gehören wirtschaftlich interessante Arten wie der Lachs (*Salmo salar*) oder die Regenbogenforelle (*Oncorhynchus mykiss*) ebenso wie wissenschaftlich relevante Arten, z.B. der Zebrafisch (*Danio rerio*) oder der Reiskärpfling (*Oryzias latipes*). Ursprünglich für die Detektion von Viren (z.B. *viral hemorrhagic septicemia*, VHS; *infectious pancreatic necrosis*, IPN; *infectious hematopoietic necrosis*, IHN) isoliert, werden Fischzellen heutzutage für diverse Anwendungen benötigt. Dazu zählen unter anderem Fisch-Immunologie [Clem et al., 1996, Bols et al., 2001], Toxikologie [Babich and Borenfreund, 1991, Segner, 1998], Ökotoxikologie [Fent, 2001, Castaño et al., 2003], Virologie [Iwamoto et al., 1999, Hasoon et al., 2011], biomedizinische Forschung [Hightower and Renfro, 1988], Biotechnologie und Aquakultur [Bols, 1991] sowie Strahlungsbiologie [Ryan et al., 2008]. In erster Linie werden dabei die Zellmorphologie oder/und der Zellmetabolismus als Bewertungskriterien herangezogen. Dabei können auch additive Effekte erfasst werden. Studien zur Zytotoxizität in Kiemenzellen aus der Regenbogenforelle lieferten eine relativ gute Übereinstimmung der Effektkonzentration (engl. *effect concentration*, EC_{50}; Konzentration eines Stoffes, bei der 50 % der Zellen einen Effekt zeigen) mit der letalen Konzentration (engl. *lethal concentration*, LC_{50}; Stoffkonzentration, bei der 50 % der Fische sterben) *in vivo* [Dayeh et al., 2002, Dayeh et al., 2005, Schirmer et al., 2008]. Die Etablierung und Weiterentwicklung von *in vitro* Testsystemen aus Fischzellen für die schnelle Detektion von Pathogenen oder Toxinen in Gewässern im Bereich der Aquakultur könnte dazu beitragen, die Zahl der Tierversuche im Validierungsprozess einer Gefahreneinschätzung deutlich zu vermindern. Solche Systeme könnten ferner in Klärwerken als zusätzliche Bewertungsparameter für die Verschmutzung von Gewässern eingesetzt werden und würden somit dazu beitragen, die Auswirkung der Abwässer auf zellulärer Ebene besser abschätzen zu können. Eine sehr interessante Option stellen Stammzellen dar, die sich *in vitro* in verschiedene Zelltypen differenzieren lassen und somit das gewünschte Zielgewebe eher nachbilden können. Bols und Lee (1992) nahmen an, dass eine Differenzierung von Fischzellen *in vitro* von extrazellulären Matrizes abhängen könnte. Ein Blick auf humane Stammzellen zeigt, dass sich aus diesen, wenn sie in spezielle Matrizes eingesät werden, auch *in vitro* wieder komplette Gewebe generieren lassen [Linke et al., 2007, Walles et al., 2007]. Ebenso könnte demnach Gewebe aus Fischen *in vitro* aus Stammzellen rekonstruiert und für dreidimensionale Testsysteme eingesetzt werden.

2.6.3 3D-Hautmodelle als *in vitro* Testsysteme

Rekonstruierte Hautmodelle sind für die Humanmedizin sehr vielversprechende und häufig genutzte Systeme. Solche artifiziellen Hautmodelle tragen dazu bei, Tierversuche zu reduzieren, da sie nicht von lebendem Tiermaterial abhängig sind, sondern aus bereits isolierten Zellen zusammengesetzt werden können. Anhand von rekonstruierten Hautmodellen können die Effekte von neuen Chemikalien und Wirkstoffen in Crèmes und Pharmaka auf der Haut untersucht werden, ohne sie direkt am Menschen testen zu müssen [Ponec et al., 2002, Ponec, 2002, el Ghalbzouri et al., 2002, Gele et al., 2011, Brohem et al., 2011]. Eine Vielzahl von humanen Hautäquivalenten existiert bereits und wird aktiv vermarktet. Darunter befinden sich EpiDerm™ von MatTek (USA) und EpiSkin™ von SkinEthic / L'Oreal (Frankreich) als bekannteste Produkte (Abb. 2.8).

Bei den heute verfügbaren 3D-Hautmodellen wird ein sogenanntes Sandwich-Verfahren eingesetzt. Dazu werden Fibroblasten in eine Matrix eingesät, die aus Kollagen und/oder ähnlichen extrazellulären Matrixbestandteilen besteht. Auf diese Struktur werden Keratinozyten ausgesät. Durch die mehrwöchige Kultivierung an der Grenzfläche von Luft und Medium wird die Ausbildung und Differenzierung einer mehrschichtigen Epidermis erzeugt. Noch existieren einige Nachteile der Hautäquivalente, bedingt durch fehlende spezialisierte Zelltypen, wie sie *in vivo* vorkommen. So wurden bislang weder Schweißdrüsen noch Haarfollikel oder Talgdrüsen in die Hautmodelle integriert. Hautäquivalente bieten deshalb vermutlich weit weniger Barrierefunktionen als funktionelle Haut [Brohem et al., 2011].

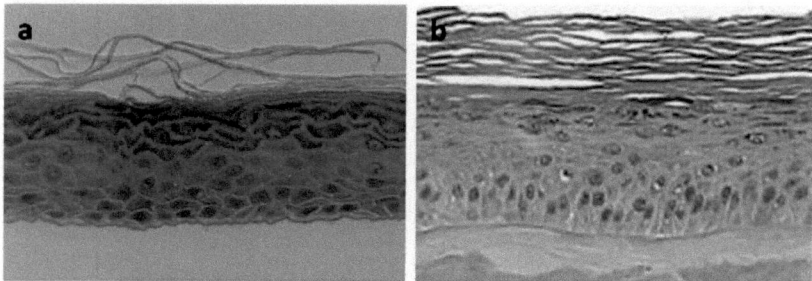

Abbildung 2.8 | Humane 3D Hautmodelle für den Einsatz in der klinischen Forschung. a) Hautäquivalent EpiDerm™ von MatTek (USA) und b) Hautäquivalent EpiSkin™ von SkinEthic / L'Oreal (Frankreich) Bildquellen: a: MatTek und b: SkinEthic.

Ein weiteres interessantes 3D-Modell könnte die Übertragung der Dreidimensionalität auf andere Hautstrukturen wie die der Fische oder der Amphibien darstellen, sodass ein breites Spektrum an Hautmodellen zur Verfügung stünde. Auf diese Weise könnten unterschiedliche Barrierefunktionen getestet werden, da beispielweise die Fischhaut aufgrund der erhöhten Mukusproduktion anders reagiert als die keratinisierte humane Haut.

Für kutane *in vivo* Experimente stellen Fischmutanten, ob spontan mutiert oder mit künstlich erzeugten definierten Hautphänotypen, eine attraktive Alternative zu Mausmodellen dar [Rakers et al., 2010]. Die kurze Generationszeit vieler Modellfische und die entsprechend schnelle Entwicklung der Fischhaut sind optimale Voraussetzungen für detaillierte Untersuchungen der konservierten Mechanismen in der Hautentwicklung und für Studien bestimmter Hautkrankheiten aufgrund konservierter Signalwege [Wu et al., 2004, Cui and Schlessinger, 2006]. Hinsichtlich der protektiven Funktion der Fischhaut zeigen sich Parallelen zum Menschen und zu anderen Säugern, da in all diesen Wirbeltieren beispielsweise AMPs gegen Infektionen schützen. AMPs sind im Fisch besonders aktiv und können dort sehr gut untersucht werden [Silphaduang et al., 2006, Villarroel et al., 2007]. Die Untersuchung der bei Fischen im Vergleich zum Menschen hohen Regenerationsfähigkeit [Whitehead et al., 2005] könnte dazu beitragen, die Wundheilungsforschung im Menschen zu fördern. Werden die grundlegenden molekularen Zusammenhänge der Regeneration und der Einfluss bekannter und noch unbekannter Faktoren auf die Regeneration verstanden, könnte dieses Wissen für neue Ansätze der Wundheilung genutzt werden. Dabei zeigt sich zudem, dass besonders die Erforschung der bei der Regeneration beteiligten Zellen neue Erkenntnisse liefern können [Knopf et al., 2011, Diep et al., 2011].

2.7 Zielsetzungen der Arbeit

Bislang wurden Fischzelllinien aus malignen Tumoren, durch spontane Transformation oder durch onkogenetische Immortalisierung gewonnen. Durch diese Methoden wurden unsterbliche und kontinuierlich proliferierende Zellen erhalten. In dieser Arbeit sollte durch Modifizierung des Isolationsprotokolls für Stammzellen aus adulten Säugergeweben nach Kruse et al. (2004) ein Protokoll etabliert werden, welches ermöglicht, Langzeit-Zellkulturen aus Fischen, insbesondere aus der Fischhaut zu generieren. Diese galt es anschließend hinsichtlich ihrer Identität im Vergleich zur Identität des Herkunftsgewebes zu überprüfen, zu charakterisieren und mögliche Unterschiede in den aus verschiedenen Geweben gewonnenen Zell-Populationen zu finden. Ausgangspunkt hierfür war die Annahme, dass sich in den präparierten Geweben Stammzellen oder Progenitorzellen befinden, die *in vitro* vermehrt werden können. Auf diese Weise sollte es möglich sein, Langzeit-Zellkulturen ohne eine induzierte Immortalisierung zu erhalten. Diese Langzeit-Zellkulturen sollten in einer Kryobank abgelegt werden. Die Etablierung der Fischzellkulturen stand daher im Hauptfokus dieser Arbeit.

Aus den isolierten Fischzellkulturen aus der Haut der Regenbogenforelle sollte ein *in vitro* Testsystem entwickelt werden, das sensitiv auf Toxine in aquatischen Testproben reagiert. Da in Vorversuchen beobachtet wurde, dass Fischzellen schneller auf die Zugabe von Schwermetallverbindungen reagierten als humane Zellen, sollte die Messung der Impedanz von Zellen als Testsystem zur schnellen Detektion von toxischen Reaktionen auf Zellebene validiert werden. Für die Tests sollten die etablierten Hautzellkulturen mit verschiedenen etablierten Zelllinien aus Säugern verglichen werden. Weitere Toxizitätsassays sollten dabei zur Überprüfung der beobachteten Reaktionen dienen.

Eine Kombination von Zellen der Langzeitkultur aus der Vollhaut der Regenbogenforelle mit Schuppenprimärzellen sollte aufzeigen, welche Wechselwirkungen sich durch die Kontaktaufnahme verschiedener zusammengehöriger Zelltypen ergeben. Die hieraus gewonnenen Erkenntnisse sollten als Basis für die Erzeugung eines dreidimensionalen Fischhautmodells dienen.

3 Material und Methoden

3.1 Materialien

3.1.1 Chemikalien

Tabelle 3.1 | Chemikalien, Kits und Substanzen

Chemikalie / Kit / Substanz	Firma	Lagerung	Verwendung
1,4-Diazabicyclo[2.2.2]octan (DABCO)	Sigma-Aldrich Chemie GmbH, Steinheim	2-8 °C	Immunzytochemie
2-(4-(2-Hydroxyethyl)- 1-piperazinyl)-ethansulfonsäure (HEPES) 1M	Carl Roth GmbH + Co. KG, Karlsruhe	RT	Zellkultur
4',6-Diamidin-2'-phenylindoldihydrochlorid (DAPI)	Roche Diagnostics GmbH, Mannheim	2-8 °C	Immunzytochemie
5-ethynyl-2´-deoxyuridine (EdU)	Invitrogen GmbH, Darmstadt	-20 °C	Zellkultur
Aceton	Carl Roth GmbH + Co. KG, Karlsruhe	2-8 °C	Histologie, Immunzytochemie
Amphotericin	PAA Laboratories GmbH, Pasching, Österreich	-20 °C	Zellkultur
Ethyl-3-Aminobenzoat-Methansulfonsäure (MS-222; Tricain)	Sigma-Aldrich Chemie GmbH, Steinheim	RT	Fischbetäubung
Bovines Serum Albumin (BSA)	PAA Laboratories GmbH, Pasching, Österreich	2-8 °C	Zellkultur
Kalziumchlorid ($CaCl_2$)	Carl Roth GmbH + Co. KG, Karlsruhe	RT	Zellkultur

3 Material und Methoden

Dimethylsulfoxid (DMSO)	Sigma-Aldrich Chemie GmbH, Steinheim	RT	Zellkultur
Essigsäure	Carl Roth GmbH + Co. KG, Karlsruhe	RT	Histologie
Ethanol 96 %, vergällt	Carl Roth GmbH + Co. KG, Karlsruhe	RT	Zellkultur
Ethanol Rotipuran® ≥ 99,8 %	Carl Roth GmbH + Co. KG, Karlsruhe	RT	Zellkultur
Ethidiumbromid	Merck KGaA, Darmstadt	RT	Molekularbiologie
Ethylendiamintetraessigsäure (EDTA)	Merck KGaA, Darmstadt	RT	Zellkultur
Eukit Eindeckmedium	Carl Roth GmbH + Co. KG, Karlsruhe	RT	Histologie
GeneJET™ Gel Extraktion Kit	Fermentas GmbH, St.Leon-Rot	RT	Molekularbiologie
Gentamycin	Biochrom AG, Berlin	2-8 °C	Zellkultur
Isopropanol	Carl Roth GmbH + Co. KG, Karlsruhe	RT	Zellkultur
Kanamycin	Biochrom AG, Berlin	-20 °C	Zellkultur
Kollagenase	Serva Electrophoresis GmbH, Heidelberg	2-8 °C	Zellkultur

3 Material und Methoden

Kupfer(II)-sulfat Pentahydrat (CuSO$_4$ · 5H$_2$O)	Sigma-Aldrich Chemie GmbH, Steinheim	RT	Zellkultur
Mayers Hämalaun	Carl Roth GmbH + Co. KG, Karlsruhe	RT	Histologie
Methanol	Carl Roth GmbH + Co. KG, Karlsruhe	RT	Immunzytochemie
Modified Eagle Medium	Biochrom AG, Berlin	2-8 °C	Zellkultur
PCR-Kit Fermentas	Fermentas GmbH, St.Leon-Rot	-20 °C	Molekularbiologie
Penicillin / Streptomycin (P/S) (100-fach, enthält 10.000 U/ml Penicillin, 10 mg/ml Streptomycin)	PAA Laboratories GmbH, Pasching, Österreich	-20 °C	Zellkultur
PeqGold DNA Tissue Kit	peqLab Biotechnologie GmbH, Erlangen	RT	Molekularbiologie
Perjodsäure	Carl Roth GmbH + Co. KG, Karlsruhe	RT	Histologie
QIAamp DNA Investigator Kit	Qiagen GmbH, Hilden	RT	Molekularbiologie
QIAxcel Alignment Marker 15 bp / 1000 bp	Qiagen GmbH, Hilden	2-8 °C	Molekularbiologie

3 Material und Methoden

QIAxcel DNA Size Marker 25 / 450 bp	Qiagen GmbH, Hilden	2-8 °C	Molekularbiologie
QIAxcel High Resolution Kit	Qiagen GmbH, Hilden	RT	Molekularbiologie
Qtracker® 525 Cell Labeling Kit	Invitrogen GmbH, Darmstadt	2-8 °C	Zellkultur
Qtracker® 605 Cell Labeling Kit	Invitrogen GmbH, Darmstadt	2-8 °C	Zellkultur
QuantiTect Reverse Transcription Kit	Qiagen GmbH, Hilden	-20 °C	Molekularbiologie
Reagent A100 (Lysispuffer)	Chemometec A/S, Allerød, Dänemark	RT	Zellkultur
Reagent B (Stabilisierungspuffer)	Chemometec A/S, Allerød, Dänemark	RT	Zellkultur
RNA-Later Solution	Invitrogen GmbH, Darmstadt	2-8 °C	Molekularbiologie
RNeasy Mini Kit	Qiagen GmbH, Hilden	RT	Molekularbiologie

3 Material und Methoden

Schiffs Reagenz	Carl Roth GmbH + Co. KG, Karlsruhe	RT	Histologie
ß-Mercaptoethanol	Sigma-Aldrich Chemie GmbH, Steinheim	RT	Molekularbiologie
TissueTek®	Sakura Finetek Europe B.V., Alphen aan den Rijn, Niederlande	2-8 °C	Histologie
Triton X-100	Sigma-Aldrich Chemie GmbH, Steinheim	RT	Immunzytochemie
Trypsin-EDTA (10-fach)	PAA Laboratories GmbH, Pasching, Österreich	-20 °C	Zellkultur
Vectashield	Vector Laboratories Inc., Burlingame, USA	2-8 °C	Immunzytochemie
Xylol	Carl Roth GmbH + Co. KG, Karlsruhe	RT	Histologie
Ziegennormalserum	Vector Laboratories Inc., Burlingame, USA	2-8 °C	Immunzytochemie

3 Material und Methoden

3.1.2 Arbeitslösungen

Tabelle 3.2 | Arbeitslösungen. Alle Chemikalien waren von der Qualität p.A. und den Firmen Roth, Merck und PAA.

Bezeichnung	Zusammensetzung/Zusätze
Aldehydfuchsin-Lösung	50 ml (1,5 g Aldehydfuchsin in 200 ml 70 %-igem Ethanol) Aldehydfuchsin-Stammlösung, 150 ml 70 %-iges Ethanol, 2 ml 96-98 %-ige Essigsäure
Azophloxin-Lösung	0,5 g Azophloxin in 100 ml Aqua dest., 0,2 ml 96-98 %-ige Essigsäure
Digestionsmedium	4 mg (0.63 PZ/mg) Kollagenase in 20 ml Isolationsmedium
Elastin Färbelösung nach Weigert	5,6 g/l Chinonimin Farbstoff, 0,02 g/l Chlorwasserstoff 25 % in 500 ml Aqua dest.
Eosin Färbelösung	600 ml 96 %-iger Ethanol, 1 g Eosin in 200 ml Aqua dest., einige Tropfen Eisessig
Ethanol 70 %	70 ml 96 %-iger Ethanol vergällt, 30 ml Aqua dest.
HEPES-Stammlösung	2,383 g HEPES in 100 ml Aqua bidest (pH 7,6)
Isolationsmedium	32 ml HEPES-Eagle-Medium, 8 ml 5% Rinderserumalbumin, 200 µl 0,1M Kalziumchlorid
Lichtgrün-Lösung	0,2 g Lichtgrün, 0,2 ml 96-98 %-ige Essigsäure in 200 ml Aqua dest.
Masson-Gebrauchslösung	1 g Ponceau de Xylidine, 1 g Säurefuchsin in 200 ml Aqua dest., 2 ml 96-98 %-ige Essigsäure
Methanol / Aceton	70 ml Methanol, 30 ml Aceton
Monti-Graziadei-Lösung	2 % Glutaraldehyd, 0,6 % Paraformaldehyd in 0,1 M Cacodylate-Puffer bei pH 7,2
Oxidationsgemisch AFG	0,5 g Kaliumpermanganat in 140 ml Aqua dest., 20 ml 5 %-ige Schwefelsäure
PBS 10x	80 g Natriumchlorid, 2 g Kaliumchlorid, 26,8 g Dinatriumhydrogenphosphat-Heptahydrat und 2,4 g Kaliumdihydrogenphosphat in 800 ml Aqua dest., pH 7,0
Phosphormolybdänsäure- Orange G – Lösung	5 g Phosphormolybdänsäure und 2 g Orange G in 100 ml Aqua dest.
Pikrofuchsin-Lösung	1 g/l Säurefuchsin, 16,6 g/l Pikrinsäure in 500 ml Aqua dest.

3 Material und Methoden

Reduktionsmittel AFG	6 g Natriummetabisulfit in 200 ml Aqua dest.
Säurefuchsin-Ponceau-Azophloxin-Lösung	20 ml Masson-Gebrauchslösung, 4 ml Azophloxin-Lösung, 176 ml Aqua dest., 0,4 ml 96-98 %-ige Essigsäure
Saures Hämalaun nach Mayer	1 g Hämatoxilin in 1 l Aqua dest., 0,2 g Natriumjodat, 50 g Kalialaun, 50 g Chloradhydrat, 1 g Zitronensäure
TBE-Puffer 10 %	108 g Tris, 55 g Borsäure, 40 ml 0,5M Natrium-EDTA in 1l Aqua dest.
TritonX100 0.1 %	0,1 g Triton X in 100 ml PBS
Trypsin-EDTA (10-fach)	5,0 mg/ml Trypsin, 2,2 mg/ml EDTA in PBS (ohne Ca^{2+} und Mg^{2+})
Trypsin-EDTA (1-fach)	10 ml Trypsin-EDTA (10-fach), 90 ml PBS (steril)
Weigerts Lösung A	20 g/l Hämatoxilin-Monohydrat in 500 ml Aqua dest.
Weigerts Lösung B	5 g/l Eisennitrat, 11,2 g/l Chlorwasserstoff 25 % in 500 ml Aqua dest.

3.1.3 Medien und Seren

Alle Medien wurden von der Firma Invitrogen GmbH bezogen, das Serum von der Firma PAA Laboratories.

Bezeichnung	Zusätze
10 % Fötales Kälberserum (FKS) -Dulbecco's Modified Eagle Medium (DMEM)	10 % (v/v) FKS, 1 % (v/v) P/S
20 % FKS-DMEM Medium (Standardkulturmedium Fischzellen)	20 % (v/v) FKS, 1 % (v/v) P/S
20 % FKS-DMEM Medium mit epithelialem Wachstumsfaktor (EGF)	20 % (v/v) FKS, 1 % (v/v) P/S, 1 % (v/v) EGF

3 Material und Methoden

Bezeichnung	Zusätze
Einfriermedium	90 % (v/v) FKS, 10 % (v/v) DMSO
20 % FKS-Leibovitz-15 (L-15) Medium	20 % (v/v) FKS, 1 % (v/v) P/S
20 %FKS-Willams Medium E (WME) Medium	20 % (v/v) FKS, 1 % (v/v) P/S
EpiLife®-Medium	1 % (v/v) P/S
Fötales Kälberserum (FKS)	
HEPES-Eagle-Medium	1 % (v/v) Glutamin in Modified Eagle Medium und 5 ml HEPES-Stammlösung

3.1.4 Verbrauchsmittel

Culture Slides (2-Kammer Kultivierungssystem)	BD Biosciences Becton Dickinson GmbH, Heidelberg
Deckgläser (20 x 20 mm / 24 x 50 mm)	Carl Roth GmbH + Co. KG, Karlsruhe
Einmalpipetten (5 ml / 10 ml / 25 ml / 50 ml)	BD Biosciences Becton Dickinson GmbH, Heidelberg
E-Plate Mikrotiterplatte (16-Well / 96-Well)	Roche Diagnostics GmbH, Mannheim
Eppendorf Reaktionsgefäße (1,5 ml / 2 ml)	Eppendorf AG, Hamburg

3 Material und Methoden

Glaswaren	Schott AG, Mainz
Handschuhe (Peha-soft powderfree, Größe L)	Paul Hartmann AG, Heidenheim
Kanülen	B. Braun Melsungen AG, Melsungen
Kryoröhrchen (2,0 ml)	Techno Plastic Products AG (TPP), Trasadingen, Schweiz
Menzel-Objektträger SuperFrost Plus	Thermo Fisher Scientific Germany Ltd. & Co. KG, Bonn
Mikrotiterplatte (Micro-Assay-Plate, 96-Well, black, clear-bottom)	Greiner Bio-One GmbH, Frickenhausen
NucleoCassette	Chemometec A/S, Allerød, Dänemark
Pasteurpipetten	Carl Roth GmbH + Co. KG, Karlsruhe
Pipettierspitzen / Biosphere Filter Tips (10 µl / 100 µl / 1000 µl)	Sarstedt AG & Co., Nürnbrecht
Reaktionsgefäße (15 ml / 50 ml)	Sarstedt AG & Co., Nürnbrecht
Skalpell	B. Braun Melsungen AG, Melsungen
Spritzen (verschiedene Größen)	B. Braun Melsungen AG, Melsungen
Zellkulturflaschen (25 cm² / 75 cm² / 150 cm²)	Techno Plastic Products AG (TPP), Trasadingen, Schweiz
Zellkultur-Mikrotiterplatte (6-Well / 12-Well / 24-Well)	Techno Plastic Products AG (TPP), Trasadingen, Schweiz
Zellkulturschalen (21 cm²)	Techno Plastic Products AG (TPP), Trasadingen, Schweiz
Zellschaber	Techno Plastic Products AG (TPP), Trasadingen, Schweiz

3 Material und Methoden

Tabelle 3.3 | **Analysierte mRNAs.** Aufgelistet sind die eingesetzten mRNAs mit ihrer Gene ID und dem erwarteten Vorkommen *in vivo*. Die anschließend designten Primer wurden bei der Firma Biomers.net GmbH, Ulm bestellt.

mRNA	Vorkommen	Gene ID nach NCBI Datenbank	Verwendete Primer	Erwartete Produktlänge	T_a
Elongation factor alpha (Elfa)	Ubiquitäres *housekeeping* Gen	NM_001124339.1	Forward: AGCCCCTTCGTCTGCCCCTC Reverse: CCTGAGCGGTGAAGGTGCCG	300 bp	60 °C
Kollagen Typ 1	Bindegewebe, EZM	NM_001124177.1	Forward: ACAAGGCGAGGACGATCGCA Reverse: TTCGTCGCACATGACGGTGC	130 bp	59 °C
Vinculin	Zell-Zell-Kontakte, Fokale Adhäsionen	NM_001128681.1	Forward: ATTGACGAGCGGCAGCAGGA Reverse: ATCAGCGCCAGCGCTCTCTT	299 bp	58 °C
Zytokeratin 18	Epitheliales Gewebe	NM_001124724.1	Forward: AGCGGGGACACTGCTCACAT Reverse: TGCGGCCCATGTTGGTGTCA	382 bp	62 °C

3 Material und Methoden

3.1.5 Antikörper

Tabelle 3.4 | Verwendete Primärantikörper bei der qualitativen Immunchemie.

Antigen	Wirt	Verdünnung	Hersteller / Bestellnummer
Aktin	Maus, monoklonal	1:200	Sigma-Aldrich / A 4700
Ki67	Kaninchen, polyklonal	1:500	Abcam / ab15580
Kollagen Typ 1 Fisch	Kaninchen, polyklonal	1:40	Antikörper Online / ABIN237021
Vigilin	Kaninchen, polyklonal	1:200	C. Kruse, Lübeck
Vinculin	Maus, monoklonal	1:400	Sigma -Aldrich / V9131
Zytokeratin 14	Maus, monoklonal	1:500	Santa Cruz / sc-58724
Zytokeratin 18	Maus, monoklonal	1:200	Santa Cruz / sc-51582
Zytokeratin 7	Kaninchen, polyklonal	1:500	Abcam / ab53123

Tabelle 3.5 | Verwendete Sekundärantikörper bei der qualitativen Immunchemie.

Antigen	Wirt, Isotyp	Konjugation	Verdünnung	Hersteller / Lotnummer
Anti-Maus Sekundär-Antikörper	Ziege, IgG (H+L)	Cy3	1:400-1:800	Dianova / 87376
Anti-Kaninchen Sekundär-Antikörper	Ziege, IgG (H+L)	FITC	1:200-1:400	Dianova / 90999

3 Material und Methoden

3.1.6 Geräte

Gerät	Firma	Verwendung
Brutschrank (95 % Luftfeuchte, 5 % CO_2, 37 °C)	BINDER GmbH, Tuttlingen	Zellkultur
Brutschrank Hepa Class 100 (95 % Luftfeuchte, 1,9 % CO_2, 20 °C)	Thermo Fisher Scientific Germany Ltd. & Co. KG, Bonn	Zellkultur
Färbegläser Histologie (80 ml / 200 ml)	Carl Roth GmbH + Co. KG, Karlsruhe	Histologie
Feinwaage Kern 770	Kern & Sohn GmbH, Balingen	Zellkultur, Histologie
Gefriermikrotom Cryotom Cryostar HM 560 MV	Thermo Fisher Scientific Germany Ltd. & Co. KG, Bonn	Histologie
Gefrierschrank (-20 °C)	LIEBHERR Hausgeräte GmbH, Ochsenhausen	Zellkultur, Molekularbiologie
Konfokales Laserscanningmikroskop LSM 710	Carl Zeiss AG, Jena	Immunzytochemie
Kühlplatte Tissue Cool Plate COP 20	Medite GmbH, Burgdorf	Histologie
Kühlschrank (4 °C)	LIEBHERR Hausgeräte GmbH, Ochsenhausen	Zellkultur, Molekularbiologie, Histologie, Immunzytochemie
Mastercycler	Eppendorf AG, Hamburg	Molekularbiologie

3 Material und Methoden

Microm HM355S	Thermo Fisher Scientific Germany Ltd. & Co. KG, Bonn	Histologie
Microplate Reader LB 940	BERTHOLD TECHNOLOGIES GmbH & Co. KG, Bad Wildbad	Zellkultur
Mikromanipulator TransferMan NK2	Eppendorf AG, Hamburg	Zellkultur
Micropipette Puller P-97	Sutter Instrument Co., USA	Zellkultur
Microforge MF-900	Narishige, Japan	Zellkultur
Microgrinder EG-400	Narishige, Japan	Zellkultur
Mikroskop Axioskop 2 Mot Plus, mit AxioCam MRc5 und ebq-Lampe	Carl Zeiss AG, Jena	Immunzytochemie
Mikroskop Axiovert 40C	Carl Zeiss AG, Jena	Zellkultur
Mikroskop IX81, mit CLR Farbkamera	Olympus Europa GmbH, Hamburg	Zeitraffer-Mikroskopie
Mikroskop Observer Z1, mit CCD-Kamera und HXP 120 - Lampe	Carl Zeiss AG, Jena	Zellkultur, Immunzytochemie
Mikroskop Axiovert 200M	Carl Zeiss AG, Jena	Zeitraffer-Mikroskopie
NucleoCounter® NC-100™	Chemometec A/S, Allerød, Dänemark	Zellkultur

3 Material und Methoden

Gerät	Hersteller	Bereich
Objektträgerstrecktisch OTS 40	Medite GmbH, Burgdorf	Histologie
Paraffin – Einbettungsautomat Microm STP 120	Thermo Fisher Scientific Germany Ltd. & Co. KG, Bonn	Histologie
pH-Meter Lab 850	Schott AG, Mainz	Zellkultur
Pipettierhilfe Pipetus®	Eppendorf AG, Hamburg	Zellkultur
QiaCube	Qiagen GmbH, Hilden	Molekularbiologie
QiaXcel	Qiagen GmbH, Hilden	Molekularbiologie
Scanning Elektronenmikroskop SEM 505	Koninklijke Philips Electronics N.V., Eindhoven, Niederlande	Zellkultur
Schüttler 3031	Gesellschaft für Labortechnik GmbH, Burgwedel	Zellkultur
Spectrophotometer NanoDrop ND-1000	PeqLab Biotechnologies GmbH, Erlangen	Molekularbiologie
Sterilbank Biowizard	Kojair Tech Oy, Vilppula, Finnland	Zellkultur
Tiefkühlschrank (-80 °C)	Sanyo Sales & Marketing Europe GmbH, München	Zellkultur, Molekularbiologie, Histologie
Vortexer MS 2 Minishaker	IKA® Werke GmbH & Co. KG, Staufen	Zellkultur

3 Material und Methoden

Wasserbad	Gesellschaft für Labortechnik GmbH, Burgwedel	Histologie
Wasserbad	Memmert GmbH + Co. KG, Schwabach	Zellkultur
xCELLigence Real-Time Cell Analyzer (RTCA) SP und DP	Roche Diagnostics GmbH, Mannheim	Zellkultur
Zentrifuge 5415 R	Eppendorf AG, Hamburg	Molekularbiologie
Zentrifuge 5804 R	Eppendorf AG, Hamburg	Zellkultur
Zentrifuge Allegra® X-15 R	Beckman Coulter GmbH, Krefeld	Zellkultur

3 Material und Methoden

3.1.7 Software

Software	Firma	Verwendung
AxioVision4 Rel. 4.8.	Carl Zeiss AG, Jena	Analyse
BioCalculator 3.0	Qiagen GmbH, Hilden	Analyse
DNASTAR® LASERGENE® Software for Sequence Analysis	DNASTAR, Inc., Madison, USA	Molekularbiologie
ImageJ	National Institute of Health (NIH), Bethesda, USA	Immunzytochemie
Primer-BLAST	National Center for Biotechnology Information (NCBI), Bethesda, USA	Molekularbiologie
RTCA Software 1.2.1	Roche Diagnostics GmbH, Mannheim	Zellkultur
ZEN Software	Carl Zeiss AG, Jena	Immunzytochemie

3.1.8 Versuchstiere

Als primäres Versuchstier zur Untersuchung und Isolation von Hautstammzellen diente die Regenbogenforelle (*Oncorhynchus mykiss*). Die für die Versuche verwendeten Tiere wurden in Aquarien in der Fraunhofer Einrichtung für Marine Biotechnologie (EMB) gehältert (Genehmigung Tierversuchs-Nr. 41/A01/09).

3 Material und Methoden

Die Fische entstammten Nachzuchten einer Zuchtlinie der Bundesforschungsanstalt für Fischerei in Born/Darß sowie aus einer Zuchtanlage der Fischzucht Reese aus Lütjenburg. Die Aufzucht der Tiere erfolgte unter Laborbedingungen. Die Fische wurden in Glasaquarien in rezirkulierendem Leitungswasser bei einer Wassertemperatur von 18-22 °C aufgezogen. Gefüttert wurde mit kommerziellem Fischfutter (DAN-EX, Dänemark) einmal wöchentlich ad libitum. Die Tötung der Tiere erfolgte streng nach den deutschen Richtlinien des Tierschutzes. Dazu wurden die Tiere in Tricain (MS-222) für fünf Minuten betäubt. Nach einem kurzen Schlag auf den Kopf wurden die Tiere unmittelbar dekapitiert.

3.1.9 Zellkulturen

Die in dieser Arbeit eingesetzten Zellkulturen wurden im Folgenden dann als Primärkulturen angesehen, wenn sie sich nicht länger als eine Passage kultivieren ließen und typischerweise nur ein paar Tage bis wenige Wochen überlebensfähig blieben. Als Langzeit-Zellkultur wurden daher nur Kulturen bezeichnet, die mehrfach erfolgreich passagiert wurden (Subkultivierung). Der Begriff Zelllinie wurde hier nicht verwendet, da der Nachweis der Immortalisierung nicht erbracht wurde und die Zellen nicht aus einem Klon stammten.

3.1.9.1 *Fischzellen*

Für diese Arbeit wurde eine Langzeit-Zellkultur aus Vollhautgewebe (Epidermis + Dermis) der Regenbogenforelle (*Oncorhynchus mykiss*) gewonnen und charakterisiert. Sie wurde als OMYsd1x bezeichnet.

3 Material und Methoden

Primärkulturen stellten die aus Schuppentaschen der Regenbogenforellen (*O. mykiss*) gewonnenen Zellen dar. Da diese Zellen nicht länger als eine Passage überlebten, wurde keine spezielle Bezeichnung eingeführt.

3.1.9.2 Humane Zellen

Als humane Vergleichszellkultur wurden die in der EMB isolierten Hautprogenitorzellen aus Vollhautgeweben (Epidermis+Dermis) verwendet. Die bereits etablierte Langzeit-Zellkultur trägt den Namen CEsd8b.

3.1.9.3 Murine Zellen

Als murine Vergleichszellkultur wurden die gekaufte Fibroblastenzelllinie NIH-3T3 aus Mausembryo und die in der EMB etablierte Langzeit-Rattenzellkultur RAsd85b aus Rattenvollhautgewebe verwendet.

3.2. Zellbiologische Methoden

3.2.1 Allgemeines Arbeiten in der Zellkultur

Um Kontaminationen durch Pilze, Bakterien und andere Mikroorganismen zu vermeiden, wurden sämtliche Zellkulturarbeiten unter aseptischen Bedingungen ausgeführt. Die benutzten Verbrauchsmaterialien waren steril verpackt oder wurden bei 121 °C autoklaviert beziehungsweise bei 180 °C im Backofen sterilisiert. Sie wurden erst unter der Sterilbank geöffnet. Benutzte Chemikalien entsprachen höchster Reinheit und wurden sorgfältig verwendet. Medien und Lösungen wurden vor Gebrauch auf die erforderlichen Temperaturen erwärmt, sofern nicht anders beschrieben. Die verwendeten Zellkulturen wurden in regelmäßigen Abständen am Phasenkontrastmikroskop kontrolliert und auf Mykoplasmen untersucht. Alle Fotodokumentationen erfolgten mit einem *Mikroskop Axiovert 40C* und anschließend mit einer Bildbearbeitungssoftware *AxioVision Rel. 4.8*.

3.2.2 Anlegen einer Zellkultur aus Fischzellen und Subkultivierung

Für diese Arbeit wurden von verschiedenen Regenbogenforellen unterschiedlichen Alters je 2-3 cm große Gewebeproben aus der Haut entnommen. Die Zellen der Langzeit-Zellkultur OMYsd1x entstammten einer ein Jahr alten Regenbogenforelle (20 cm ± 2 cm).

3.2.2.1 Explantat

Mit Hilfe von Scheren und Pinzetten wurden 2-3 cm große Stücke aus der Vollhaut ausgeschnitten und kurz in Phosphat-gepuffertem Kochsalz (*Phosphate buffered saline*, PBS) gewaschen. Die Haut wurde anschließend mit einem Skalpell von Unterhautgewebe und Muskelfleisch befreit und in etwa 1 x 1 mm² große Stücke zerteilt. Diese Stücke wurden mit der Außenseite nach oben liegend, unter der Sterilbank auf 6-Well Platten (9 cm²) platziert und für etwa eine halbe Stunde angetrocknet. Die Wells wurden danach mit 2,5 ml frischem Medium gefüllt und Antibiotika (Gentamycin und Amphotericin, jeweils 1:100) vorsorglich hinzugegeben.

Neben der Explantat-Methodik wurden auch noch zwei weitere Protokolle für die Isolation von Zellen aus der Haut ausgetestet. Diese waren ein Trypsin-Verdau und ein Kollagenase-Verdau, die in der Fraunhofer EMB etabliert sind [Kruse et al., 2004], [Kruse et al., 2006b]. Da beide Methoden jedoch für die Fischhaut nicht erfolgreich waren, wird hier nicht weiter auf diese Methoden eingegangen.

3.2.2.2 Kultivierung

Die Standardkultivierung aller Fischzellkulturen von Fischen der gemäßigten Klimazone erfolgte in einem Brutschrank bei einer Temperatur von 20 °C, 1,9 % CO_2 und 95 % relativer Luftfeuchte. Nach zwei Tagen waren erste Zellen am Boden der Wells zu erkennen. Danach wurde noch etwa 5-7 Tage gewartet, ehe die ausgewanderten Zellen in einem ersten Passagierungsschritt (bei den Hautzellen zusammen mit den Explantaten) in größere Flaschen (25 cm²) überführt wurden. Dazu wurde das Medium abgesaugt, die adhärenten Zellen mit 2-3 ml PBS gewaschen um das Kulturmedium vollständig zu entfernen und anschließend mit 1 ml 0,05 % Trypsin für eine Minute bei 37 °C inkubiert. Trypsin entfaltet bei dieser Temperatur seine optimale Wirkung und löst die Zellen von der Zellkulturplastik ab. Bei den Säugerzellen erfolgte die Kultivierung bei 37 °C und 5% CO_2 sowie 95%

Luftfeuchte. Hier wurde bei Subkultivierung nach dem gleichen Schema verfahren, allerdings wurde die Inkubationszeit aufgrund der langsameren Abtrennung auf zwei Minuten erhöht. Tabelle 3.6 zeigt die für jeweiligen verwendeten Mengen an Medium, PBS, Trypsin und Einfriermedium je Flaschengröße. Solange die Zellen nach der Inkubation mit Trypsin noch adhärent blieben, wurden sie mit Hilfe eines Schabers vom Boden gelöst. Durch Zugabe der dreifachen Menge an Kulturmedium wurde der Lösungsprozess gestoppt und die Zellsuspension in einem Röhrchen bei 130 x g für 5 min zentrifugiert. Der Überstand wurde verworfen, das Pellet in frischem Medium resuspendiert und in neue Flaschen ausgesät. Mit dem ersten Mediumwechsel nach zwei Tagen wurden neben den nicht adhärenten Zellen auch die nicht adhärenten Explante abgesaugt. Anschließend wurde ein Mediumwechsel zwei Mal pro Woche durchgeführt. Die Subkultivierung der Zellen (Verhältnis 1:2 bei Fischzellen, 1:3 bei Säugerzellen) erfolgte zunächst bei Semikonfluenz (60-70 % bei beobachteter Inselbildung der OMYsd1x – Zellen). Später, etwa nach Passage 6, wurde bei Konfluenz passagiert und im Verhältnis 1:2 gesplittet. Die Subkultivierung erfolgte wie oben beschrieben. Für immunzytochemische Untersuchungen wurden Zellen in 2-well Kammern in einer Konzentration von 3×10^4 Zellen/ml 3-5 Tage vor der Untersuchung eingesät. Für die Versuche wurden OMYsd1x der Passagen zwischen 0 bis 46 verwendet.

Tabelle 3.6 | Verwendung von Medium, PBS, Trypsin und Einfriermedium (EM) je Flaschen- oder Schalengröße.

	Kleine Flasche (25 cm²)	Mittlere Flasche (75 cm²)	Große Flasche (150 cm²)	6-Well (9 cm²)	12-Well	24-Well	Petri-schale Ø 5 cm	2-Well Chamber Slides
Medium	5 ml	15 ml	30 ml	2,5 ml	1 ml	500 µl	5 ml	1,5 ml
PBS	2-3 ml	5-10 ml	10-15 ml	1-1,5 ml	0,5-1 ml	<500 µl	2-3 ml	1 ml
Trypsin	1 ml	2 ml	4 ml	500 µl	200 µl	100 µl	1 ml	250 µl
EM	500 µl	750 µl	1 ml	-	-	-	-	-

Aus sämtlichen Well-Platten sowie Petrischalen wurde nicht eingefroren.

3 Material und Methoden

3.2.2.3 Primärkultur

Für die Gewinnung von Schuppenzellen wurden die Tiere mit Tricain betäubt, die Schuppen durch vorsichtiges Schaben mit einem Skalpell direkt abgestriffen und in PBS gewaschen. Einzelschuppen wurden unter der Sterilbank mit Hilfe eines Mikroskops mit feinen Pinzetten herausgenommen und auf 12-Well Platten transferiert, wo sie maximal 5 min antrocknen konnten. Pro Well wurden 5-10 Schuppen aufgebracht, wobei darauf geachtet wurde, dass die Außenseite der Schuppen oben lag. Nach 5 min wurde vorsichtig 1 ml frisches Kulturmedium hinzugegeben und im Brutschrank bei 20 °C, 1,9 % CO_2 und 95 % relativer Luftfeuchte kultiviert. Schuppenzellauswüchse wurden für mindestens 2-3 Wochen kultiviert, konnten jedoch nach der Subkultivierung nicht proliferativ gehalten werden und wurden aufgrund dessen nur als Primärkulturen oder für Mischkulturen (siehe 3.2.7 und 3.2.8) verwendet.

3.2.3   Zellzählung und Viabilitätsbestimmung

Definierte Zellzahlen wurden für die meisten der im Folgenden beschriebenen Versuche benötigt. Für die Zählung wurden die Zellen wie bei einer Subkultivierung (siehe 3.2.2.2) und je nach Kultivierungsgefäß mit PBS gewaschen, anschließend mit 0,05 % Trypsin gelöst und mit frischem Medium resuspendiert (siehe Tab. 3.6). 50 µl der Zellsuspension wurden mit 50 µl eines Lysis-Puffers (Reagent A100) durch wiederholtes Auf- und Abpipettieren gemischt (Lysat) und dann mit 50 µl Stabilisierungspuffer (Reagent B) versetzt (stabilisiertes Lysat). Anschließend wurde die Mischung mit einer propidiumiodidhaltigen *Nucleocassette* (Abb. 3.1) aufgenommen. Mit Hilfe des Zellzählers *Nucleocounter® NC-100™* mit integriertem Fluoreszenzmikroskop wurden die Zellkerne gezählt. Dabei wurde das Signal des an die DNA der Zellen bindenden fluoreszierenden Farbstoffs Propidiumiodid (PI) aus der Nucleocassette detektiert. Somit kann eine Gesamtzellkonzentration bestimmt werden. Die von dem Nucleocounter errechnete Zellzahl/ml muss mit der Verdünnung der Puffer und der Verdünnung durch das Medium multipliziert werden, um die Gesamtzellzahl zu erhalten.

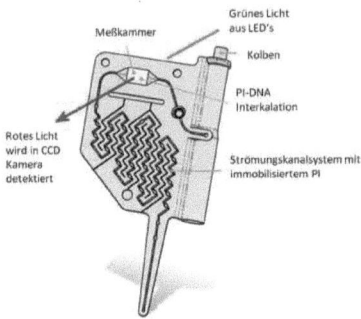

Abbildung 3.1 | Nucleocassette zur Messung von Zellzahlen. Das in die Cassette integrierte Propidiumiodid interkaliert in die DNA der Zellen und ermöglicht so eine Bestimmung der Zellzahl über die Zählung der fluoreszierenden Zellkerne. Bildquelle: ChemoMetec A/S, www.chemometec.com

Für die Viabilitätsbestimmung und damit für die Unterscheidung von lebenden und toten Zellen werden normalerweise die Zahl der toten Zellen und die Gesamtzellzahl bestimmt und die Zahl der toten Zellen von der Gesamtzellzahl subtrahiert. Aufgrund der geringen Zellmengen konnten hier jedoch tote Zellen nicht erfasst werden. Daher wurden 24 h nach der Einsaat nur die adhärenten Zellen gezählt und anschließend mit der Zahl der ausgesäten Zellen ins Verhältnis gesetzt.

Die Berechnung der Viabilität bezog sich daher auf folgende Formel:

Gleichung 1:

$$\%\text{Adhäsion} = (C_{Ges24h} / C_{Ges\,Einsaat}) * 100\,\%$$

3 Material und Methoden

3.2.4 Kryokonservierung und Auftauen von Zellen

Zellen wurden für die Kryokonservierung zunächst wie bei einer Subkultivierung (siehe 3.2.2.2) trypsiniert, zentrifugiert und das Pellet anschließend in eiskaltem Einfriermedium, bestehend aus Fötalem Kälberserum (FKS) und Dimethylsulfoxid (DMSO) im Verhältnis 9:1, aufgenommen (siehe Tab. 3.6) und in 2 ml Kryoröhrchen transferiert. Die Röhrchen wurden sofort in einer auf 4 °C vorgekühlten Isopropanol-Box kontrolliert um 1 °C/min auf -80 °C herunter gekühlt und schließlich in flüssigem Stickstoff bei -145 °C gelagert. Für das Auftauen von eingefrorenen Zellen wurde 10 ml frisches Kulturmedium auf 20 °C (Fischzellen) oder 37 °C (humane Zellen) vorgewärmt, die Zellen im Kryoröhrchen aus dem flüssigen Stickstoff geholt und in einer Transportbox bei -20 °C ins Labor gebracht. Dort wurden die Zellen kurz bei 37 °C im Wasserbad angetaut und dann möglichst rasch ins Kulturmedium überführt. Das Zentrifugenröhrchen mit der Zellsuspension wurde für 5 min bei 130 x g zentrifugiert, anschließend der Überstand verworfen, das Pellet in adäquatem Volumen an frischem Kulturmedium resuspendiert und in die passende Flaschengröße ausgesät (Tab. 3.6).

3.2.5 Charakterisierung der Stammzellpopulationen

Die Stammzellen aus der Vollhaut wurden für Genexpressionsanalysen (siehe 3.4) in 75 cm² Zellkulturflaschen konfluent herangezogen. Für weitere immunzytochemischen Untersuchungen wurden Zellen zudem in 2-well Kammern eingesät (siehe 3.3.4). Weitere Analysen zur Zellcharakterisierung werden im Folgenden beschrieben.

3 Material und Methoden

3.2.5.1   Testen unterschiedlicher Temperaturen und Medienzusätze für Fischzellen

Für die Bestimmung der optimalen Kultivierungsbedingungen der neuen Fischzelllinien wurden verschiedene Medien und Zusätze sowie unterschiedliche Temperaturen des Standardkulturmediums (20 % FKS-DMEM Medium) ausgetestet. Als Temperaturen wurden 16 °C und 20 °C anhand von Literaturdaten [Bols et al., 1992, Lamche et al., 1998, Ossum et al., 2004] ausgewählt. Zur Ermittlung des Wachstumsverhaltens wurde die Zunahme der Zellzahlen pro ml ermittelt. Folgende Medien wurden untersucht:

- Dulbeccos Modified Eagle Medium (DMEM) + 20 % FKS
- 20 % FKS-DMEM + 1 % Epithelialer Wachstumsfaktor (EGF)
- EpiLife® Medium
- Leibovitz 15 Medium (L-15) + 20 % FKS
- Williams Medium E (WME) + 20 % FKS

    Alle von Gibco, Invitrogen, Deutschland

Ferner wurden unterschiedliche Konzentrationen (5 %, 10 % und 20 %) an FKS zum DMEM- und WME-Medium zugesetzt und untersucht.

Zur Charakterisierung der Zellen wurden die Parameter Wachstum (Proliferation, Verdopplungszeit) und Viabilität herangezogen. Dazu wurden mit dem Zellzähler die Zellzahlen bestimmt. OMYsd1x – Zellen wurden in den Passagen 12 und 19 in 12-Well Zellkulturplatten in einer Konzentration von 2×10^4 Zellen/ml ausgesät und nach 24 h (Tag 1) sowie nach 5, 10 und 15 Tagen geerntet und analysiert. Zur Bestimmung der Populationsverdopplung in den Passagen wurde die Zellzahl in drei technischen

Replikaten bestimmt. Der Quotient aus der aktuellen Zellzahl und der eingesetzten Zellzahl ergab die Vervielfachung der Zellen.

3.2.5.2 Click-it® EdU Zellproliferationsassay

Um die Proliferationskapazität von Vollhaut-abgeleiteten Zellen der Regenbogenforelle (OMYsd1x) abschätzen zu können, wurden 2×10^4 Zellen der Passage 37 in ein Chamber-slide ausgesät und 10 µM 5-ethynyl-2´-deoxyuridine (EdU) nach 24 Stunden hinzugegeben. Nach einer Inkubationszeit von drei Tagen unter Standardkulturbedingungen (20 °C, 1,9 % CO_2, 95 % Luftfeuchte) wurden die Zellen mit 1 ml Methanol/Azeton (7:3) mit 1 µl/ml 4',6-Diamidin-2'-phenylindoldihydrochlorid (DAPI) für 15 min bei Raumtemperatur fixiert. Für die Detektion von EdU wurde ein Reaktionsmix nach den Herstellerangaben (Invitrogen, Deutschland, Kat. No. C10337) angesetzt. Die Zellen wurden zweimal in 3 %-igem Rinderserumalbumin (BSA) in PBS gewaschen, dann mit dem Reaktionsmix versetzt und 30 min bei Raumtemperatur in einer Dunkelkammer inkubiert. Danach folgte ein erneutes Waschen in 3 % BSA in PBS und Eindeckeln der Proben in *Vectashield® mounting medium*. Die Zellen wurden mit einem *Axioscope 2* Fluoreszenzmikroskop analysiert. Die Aufnahmen entstanden mit einer *AxioCam MRc5 - Kamera* und wurden mit der Software *AxioVision4* (Version 4.8.1) sowie *ImageJ* bearbeitet.

3.2.5.3 xCELLigence RealTimeCellAnalysis

Mit dem *xCELLigence® RTCA System* können in Echtzeit Zellstatus über den elektrischen Widerstand gemessen und so verschiedene Parameter wie Proliferation, Überleben, Zellzahl und Zellmorphologie abgeschätzt werden (Abb. 3.2). Das Prinzip beruht auf der Messung der Änderung des elektrischen Widerstandes (Impedanz), der durch die Adhäsion der eingesäten Zellen entsteht und mit Hilfe von kleinen, in 16- oder 96-Well Zellkulturplatten integrierten Elektroden gemessen wird. Da sich die Zellen aufgrund der isolierenden Eigenschaften ihrer Membran wie dielektrische Partikel verhalten, wird mit zunehmendem Bewuchs der Elektrode die Impedanz zunehmen, bis sich eine konfluente Zellschicht gebildet hat.

Die relative Veränderung der Impedanz, bezogen auf den Zellstatus, wird durch den dimensionslosen Parameter Zellindex (engl. *cell index*, CI) beschrieben. Dieser ergibt sich aus dem Quotienten von aktueller Widerstandsänderung (Z_i) abzüglich des Wertes für die Hintergrundmessung (Z_0) und dem nominalen Widerstandswert für die Elektroden bei der Nutzung von PBS als Hintergrundkontrolle (bei 10 kHz Frequenz sind es 15 Ω):

Gleichung 2:

$$CI = \frac{(Z_i - Z_0)}{15\,\Omega}$$

Für die Messungen wurden OMYsd1x – Zellen in unterschiedlichen Aussaatdichten und mit unterschiedlichen Medien und Zusätzen (siehe oben) in eine 16-Well oder 96-Well Zellkulturplatte ausgesät. Aussaatdichten von $2{,}5 \times 10^3$, $0{,}5 \times 10^4$, 1×10^4, 2×10^4, 3×10^4 und 4×10^4 Zellen/0.31 cm² wurden gewählt. Um optimale Wachstumsbedingungen für die Zellen zu schaffen, wurden die unter 3.2.5.1 genannten verschiedenen Wachstumsmedien in Form von drei technischen Replikaten getestet. Hierzu wurden als Kontrollen jeweils 100 µl aller Medien auch ohne Zellen getestet. Das Medium wurde einmal 24 h nach Versuchsbeginn gewechselt. Die Impedanz der Zellen wurde alle 15 min automatisch durch das *xCELLigence*® *System* gemessen.

3 Material und Methoden

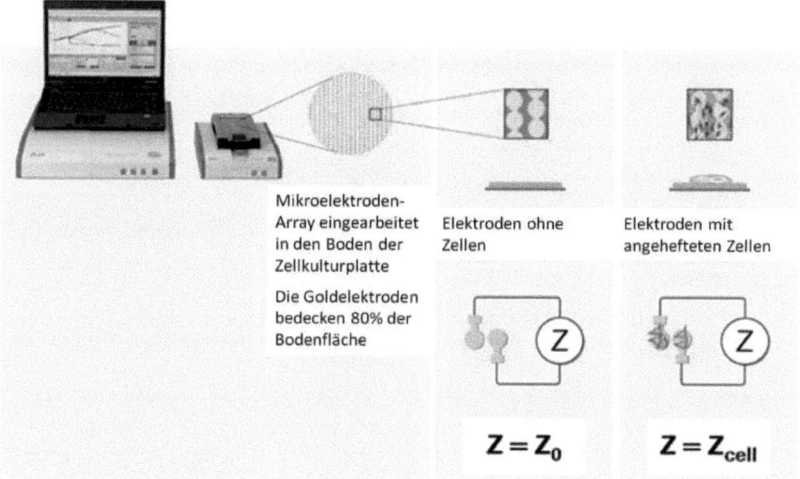

Abbildung 3.2 | Prinzip der *xCELLigence® RTCA* – Messungen. Die in den Boden der Zellkulturplatten (96-Well oder 16-Well) eingearbeiteten Mikroelektroden messen kontinuierlich den elektrischen Widerstand (Z) der Platte. Adhärieren Zellen am Boden der Platte, so ändert sich der relative Widerstand, der als dimensionsloser Parameter Zellindex (CI) angezeigt wird. Bildquelle: Roche Diagnostics, www.roche.com.

3.2.6 Zytotoxizität von unterschiedlichen Kupfersulfat Pentahydrat ($CuSO_4 \cdot 5\ H_2O$) -Konzentrationen an Fischzellen und humanen Zellen

3.2.6.1 Echtzeitbeobachtungen mit dem xCELLigence RTCA

Die Reaktion von Fischhautzellen auf die Zugabe von Toxinen sollte beobachtet und mit anderen Säugerzellen verglichen werden, um eine Einschätzung zur Eignung der Zellen für Testsysteme vornehmen zu können. Anhand des *xCELLigence® RTCA* kann in Echtzeit nachvollzogen werden, ob nach Zugabe von Toxinen Änderungen der Impedanzen auftreten, da die dreidimensionale Form tierischer Zellen mit hoher Sensitivität auf Veränderungen im Stoffwechsel oder auf eine chemische, biologische oder physikalische Beeinflussung reagiert. Dabei kann es zu stoffabhängigen

Kurvenverläufen kommen, die mögliche Anzeiger für eine Schädigung der DNA, gestörte Mitosen, Veränderungen des Zytoskeletts oder der Zytostatik sein können (Abb. 3.3). Die Profile können als Vorhersagemodell für die Bewertung von Stoffaktivitäten herangezogen werden. Für die Messungen wurden OMYsd1x – Zellen bei 20 °C, 1,9% CO_2 und CEsd8b – Zellen, Rasd85b – Zellen und NIH-3T3 – Zellen bei 37 °C, 5% CO_2 in einer Aussaatdichte von 1x 10^4 Zellen/0.31 cm² beziehungsweise 7,5x 10^3 Zellen/0.31 cm² (NIH-3T3) in jeweils eine 16-Well Platte wie unter 3.2.5.3 beschrieben ausgesät und für 72 Stunden im Brutschrank inkubiert. Danach wurde Kupfersulfat Pentahydrat (der Einfachheit halber künftig als $CuSO_4$ abgekürzt) in Konzentrationen von 100 µg/ml, 200 µg/ml, 1 mg/ml und 2 mg/ml in frischem DMEM mit 20 % FKS (beziehungsweise 10 % FKS) hinzugegeben. Für jede Konzentration wurden drei technische Replikate eingesetzt. Die Messung wurde dann noch für mindestens 92 Stunden fortgesetzt. Mit Hilfe der RTCA Software wurden Berechnungen und Auswertungen zu Dosis-Wirkungskurven und EC_{50} – Werten durchgeführt. Die Software berechnet nach Angabe der verwendeten Wells aus den zugeordneten Impedanzen automatisch eine Dosis-Wirkungskurve. Dafür muss vom Benutzer der Zeitpunkt der Messung festgelegt werden. Für den durchgeführten Versuch wurden drei Zeitpunkte, 1 h, 24 h und 92 h nach Zugabe des $CuSO_4$ ausgewählt. Aus der Dosis-Wirkungskurve kann die Software zudem den EC_{50} - Wert zum gewählten Zeitpunkt bestimmen und für eine statistisch abgesicherte Aussage den R^2-Wert bestimmen. Die Berechnung des EC_{50} – Wertes beruht auf dem Logarithmus einer Konzentration, bei der 50% des Zellindex reduziert werden im Vergleich zum maximalen Zellindex der Kontrolle (100%). R^2 gibt den Anteil der erklärten Streuung an der Gesamtstreuung an und drückt damit die Güte der Anpassung der Dosis-Wirkungskurve an die Lage der Werte aus. R^2 ist als prozentualer Wert zu verstehen und liegt daher stets zwischen Null und Eins. Wird R^2 gleich Eins, so wird die gesamte Streuung durch das Regressionsmodell aufgeklärt – es besteht also ein perfekter linearer Zusammenhang. Je kleiner R^2 ausfällt, desto stärker weicht der vorliegende Fall von diesem Zusammenhang ab.

3 Material und Methoden

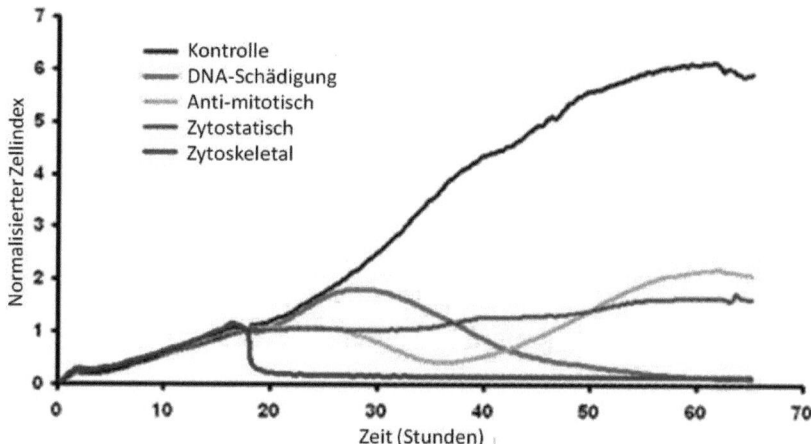

Abbildung 3.3 | Stoffabhängige mögliche Kurvenverläufe am xCELLigence® RTCA, bedingt durch Zugabe von Toxinen. In diesem Beispiel wurden A549 Lungenkrebszellen mit unterschiedlichen Stoffen versetzt, die charakteristische Kurvenprofile hervorrufen und somit beispielsweise zytoskeletale Veränderungen oder Schädigungen der DNA andeuten. Diese Profile können als Vorhersagemodell für die Bewertung von Stoffaktivitäten dienen. Bildquelle: Roche Diagnostics, www.roche.com.

3.2.6.2 Zeitraffer-Mikroskopie

Mittels Zeitraffer-Mikroskope können Zellen in Echtzeit visuell beobachtet werden. Dazu trägt eine spezielle Anordnung aus Mikroskop (*Olympus IX81* oder *Zeiss Axiovert 200M*), Inkubationskammer und Kamera bei, die optimale Bedingungen für die Zelldokumentation schaffen.

Für die Aufnahmen wurden Schuppen der Regenbogenforelle mit der Schuppentasche nach unten auf Petrischalen platziert, für 5 min angetrocknet und dann mit Kulturmedium überschichtet. Die Petrischale wurde dann im Zeitraffer-Mikroskop platziert. Das Auswachsen von Zellen aus der Schuppentasche wurde über einen Zeitraum von 100 Stunden dokumentiert. Dazu wurde mit Hilfe der Kamera alle 15 Minuten ein Bild aufgenommen. Ebenfalls wurden OMYsd1x – Zellen in einer Petrischale auf ein

3 Material und Methoden

bioresorbierbares Netz gesät, in die Inkubationskammer des Mikroskops gestellt und das Verhalten der Zellen im Abstand von 15 min dokumentiert. Über einen Zeitraum von bis zu einer Woche wurden die Zellen beobachtet. Für die Toxizitätsversuche wurden die Zellen mit 200 µg/ml $CuSO_4$ versetzt und die Effekte über einen Zeitraum von 96 Stunden beobachtet. Alle erstellten Filme sind vollständig im Anhang auf einer CD/DVD gebrannt.

3.2.7 Markierungstechnik durch Nanopartikel

Um festzustellen, ob und inwieweit Fischzellen fluoreszenzmarkierte Nanopartikel aufnehmen und an ihre Tochterzellen weitergeben, wurden OMYsd1x – Zellen der Passage 18 mit *Qtracker 605®* und *Qtracker 525®* Nanopartikeln inkubiert und nach 24, 48 und 96 Stunden die Anzahl markierter Zellen analysiert. Dazu wurde zunächst je 1 µl der Qtracker Komponenten A und B in einem Eppendorf Reaktionsgefäß vermischt und 5 min bei Raumtemperatur inkubiert. Dann wurde 0,2 ml frisches Kulturmedium hinzugefügt und 30 s mit einem Vortexer vermischt. 1×10^6 OMYsd1x – Zellen in 6-Wells wurden mit der Suspension versetzt und die Probe unter Standardkulturbedingungen im Brutschrank für eine Stunde inkubiert. Danach wurden die Zellen mit frischem Medium zweimal gewaschen und anschließend nach den oben genannten Zeitpunkten am Mikroskop analysiert.

Zudem wurde geprüft, ob bei einer Kokultivierung von mit Nanopartikeln markierten Schuppenzellen und Hautzellen a) die Schuppenzellen adhärieren und proliferieren und b) die verschiedenen Zellen wiedergefunden und so die Ursprungsquellen nachgewiesen werden können. Dazu wurden die Schuppenzellen mit *Qtracker 525* und die Hautzellen mit *Qtracker 605* nach dem oben beschriebenen Protokoll einzeln markiert, dann trypsiniert (siehe Kapitel 3.2.2.2) und zusammen in einer neuen Kulturschale ausgesät. Die Fluoreszenz wurde im Mikroskop beobachtet und dokumentiert.

3.2.8 Generierung eines 3D-Fischhautmodells

Um die unterschiedlichen Zelltypen einer Fischhaut *in vitro* wieder zusammen zu bringen, wurde mit Hilfe eines Mikromanipulators eine mit OMYsd1x – Zellen konfluent bewachsene Fläche der Passage 14 partiell abgeschabt. Dazu wurde zunächst mit dem *Micropipette Puller P-97* eine Glaskanüle gezogen und diese mit einem heißen Glühdraht (Microforge) und Schleifstein (Microgrinder) in die richtige Form gebracht. Die Glaspipette kann am Mikromanipulator in die Halterung eingesetzt werden und so eine exakte Position für die Entfernung der Zellen angefahren werden. Zusätzlich wurde eine Kanüle eingesetzt, die die losgelösten Zellen absaugte. In die frei gewordene Stelle der Zellkulturschale wurde mit Hilfe eines Tropfens Silikon eine isolierte Schuppe der Regenbogenforelle eingesetzt und bei 20 °C und 1,9 % CO_2 weiter im Brutschrank inkubiert. Das Auswachsen der Zellen wurde im Mikroskop beobachtet und dokumentiert.

3.3 Analytische Methoden

3.3.1 Paraffin- und Kryofixierung

Um das Vorkommen von Proteinen in Geweben mit dem Vorkommen von Proteinen in Zellen zu vergleichen, wurden von Vollhautgeweben der Regenbogenforelle Gefrier- und Paraffinschnitte angefertigt. Die Vollhautgewebe von je ca. 2 x 2 cm² Größe wurden einer jungen Regenbogenforelle entnommen, für die Kryofixierung direkt in *TissueTek®* eingebettet und bei -80 °C im Tiefkühlschrank gefroren. Mit der gleichen Methode wurden auch *organoide bodies* (OBs), die aus der Zellkultur entnommen wurden, behandelt. Für die Paraffinfixierung wurde das Gewebe im Einbettungsautomat über Nacht in Formalin fixiert, dann in einer Alkoholreihe bis ins Xylol entwässert (70 %, 80 %, 96 %, 100 %, Xylol) und dann in flüssig-heißem Paraffin konserviert (Tab. 3.7). Nach Entnahme aus dem

3 Material und Methoden

Automat wurden die Schnitte manuell in flüssig-heißem Paraffin in Metallschalen eingebettet. Danach wurde die Probe auf einer Kühlplatte zum Paraffinblock gekühlt und ausgehärtet. Die Blöcke wurden bei Raumtemperatur gelagert.

Tabelle 3.7 | Arbeitsschritte im Einbettautomaten

Schritt	Zeit (h)
Formalin I	1
Formalin II	1
Ethanol 70 vol %	0:30
Ethanol 80 vol %	0:30
Ethanol 96 vol %	0:30
Ethanol 100 vol % I	1
Ethanol 100 vol % II	1
Ethanol 100 vol % III	1
Xylol I	1:30
Xylol II	1:30
Flüssig-Paraffin I	2
Flüssig-Paraffin II	2

Von den Gefrier- und Paraffinblöcken wurden im Gefriermikrotom und Rotationsmikrotom 8-14 µm dicke Schnitte angefertigt. Die Gefrierschnitte wurden direkt auf *SuperFrost-Plus* Objektträgern aufgenommen, beschriftet und bei -20 °C gelagert. Die Paraffinschnitte wurden in ein Wasserbad mit 40 °C überführt und aus diesem direkt auf einfachen Objektträgern von Roth aufgezogen. Die Paraffinschnitte wurden auf einer Heizplatte bei 50 °C vollständig getrocknet, beschriftet und anschließend bei Raumtemperatur gelagert.

3 Material und Methoden

3.3.2 Histologie

3.3.2.1 Entparaffinierung

Um unspezifische Hintergrundfärbungen beziehungsweise eine Inhibition der spezifischen Färbung zu vermeiden, wurde vor jeder Färbung mit Paraffinschnitten das Paraffin entfernt. Dazu wurden die Schnitte über Xylol und eine absteigende Alkoholreihe (100%, 96%, 80%, 70%) entparaffiniert und in Aqua dest. rehydriert. Dieser Schritt ist in den folgenden Färbeprotokollen jeweils enthalten.

Es wurden vier verschiedene histologische Färbungen durchgeführt: die Hämatoxylin-Eosin-Färbung (HE-Färbung), die Aldehydfuchsin-Goldner-Färbung (AFG-Färbung), die Perjodessigsäurefärbung (PAS-Färbung) und die Elastica van Gieson-Färbung (EvG-Färbung). Die für jede Färbung angegebenen Schritte sind als Eintauchen der Objektträger in die Chemikalie zu verstehen, sodass jeder Schnitt auf dem Objektträger optimal von der Färbelösung bedeckt ist. In der Regel wurden dazu einfache Färbegläser oder Küvetten (80 -200 ml) der Firma Roth verwendet.

3.3.2.2 HE-Färbung

Die Hämatoxylin-Eosin-Färbung ist eine Übersichtsfärbung, wobei das Hämatoxylin (ein natürlicher Farbstoff aus dem Blauholzbaum) als basisches Hämalaun aufbereitet wird und alle sauren beziehungsweise basophilen Strukturen blau färbt, insbesondere Zellkerne mit der darin enthaltenen Desoxyribonukleinsäure (DNA) und das mit Ribosomen angereicherte raue endoplasmatische Retikulum (rER). Eosin färbt alle azidophilen beziehungsweise basischen (eosinophilen) Strukturen rot, darunter vor allem die Zellplasmaproteine. Tabelle 3.8 gibt eine Übersicht über die einzelnen Färbeschritte.

3 Material und Methoden

Tabelle 3.8 | Arbeitsschritte der HE-Färbung

1.	Färben in Mayers Hämalaun	10-12 min
2.	Bläuen in warmem Leitungswasser (> 35 °C)	10 min
3.	Gegenfärben in alkalischer Eosinlösung	45 s
4.	Differenzieren in Ethanol 70 vol %	ca. 5 s
5.	Entwässern in Ethanol 80 vol %	10x eintauchen
6.	2x Entwässern in Ethanol 96 vol %	10x eintauchen
7.	2x Entwässern in Ethanol 100 vol %	10x eintauchen
8.	2x Inkubieren in Xylol	10x eintauchen
9.	Eindecken in Eukit	

3.3.2.3 AFG-Färbung

Die Aldehydfuchsin-Färbung, kombiniert mit der Trichromfärbung nach Goldner, ist ebenfalls eine Übersichtsfärbung, die sehr farbintensiv ist. Dabei werden Zellkerne braun-schwarz, das Cytoplasma rosa-violett, die Muskulatur rot, elastisches Bindegewebe violett und kollagenes Bindegewebe grün angefärbt. Auch muköses Sekret wird hellviolett dargestellt. Tabelle 3.9 gibt eine Übersicht über die einzelnen Färbeschritte.

3 Material und Methoden

Tabelle 3.9 | Arbeitsschritte der AFG-Färbung

1.	Oxidation (Kaliumpermanganat und Schwefelsäure)	2 min
2.	Reduktion (Natriummetabisulfit)	2 min
3.	Eintauchen in Aqua dest.	10x
4.	Eintauchen in Ethanol 70 vol %	10x
5.	Färben in Aldehydfuchsin-Gebrauchslösung	5 min
6.	Eintauchen in Ethanol 70 vol %	1 min
7.	Eintauchen in Aqua dest.	1 min
8.	Färben in Mayers Hämalaun	2-3 min
9.	Bläuen in warmem Leitungswasser (> 35 °C)	10 min
10.	Färben in Säurefuchsin-Ponceau-Azophloxin-Gebrauchslösung	30 min
11.	3x Eintauchen in 1 %-ige Essigsäure	1 min
12.	Färben in Phosphormolybdänsäure-Orange G-Lösung	30 s
13.	3x Eintauchen in 1 %-ige Essigsäure	1 min
14.	Färben in Lichtgrün-Lösung	2 min
15.	Eintauchen in 1 %-ige Essigsäure	5 min
16.	Eintauchen in Isopropanol	10x
17.	2x Eintauchen in Isopropanol	je 5 min
18.	Eindecken in Eukit	

3.3.2.4 PAS-Färbung

Diese Färbemethode dient ausschließlich der Darstellung von Glykolgruppen in Gewebeproben. Positiv reagieren zum Beispiel neutrale Mukopolysaccharide, Muko- und Glukoproteine sowie Glykogen. Neutrale Mukine und Glykogenspeicher erscheinen in der Perjodsäure-Schiff (PAS-)-Färbung magenta-pink, die Zellkerne blau. Der Färbegang wird in Tabelle 3.10 dargestellt.

Tabelle 3.10 | Arbeitsschritte der PAS-Färbung

1.	Hydrolyse mit Perjodsäure 1 %	10 min
2.	Bläuen in warmem Leitungswasser (> 35 °C)	10 min
3.	2x mit Aqua dest. spülen	2 min
4.	Färben mit Schiffs Reagenz (Raumtemperatur)	10-25 min
5.	Mit warmem Leitungswasser (> 35 °C) waschen	5 min
6.	Kurz in Aqua dest. eintauchen	ca. 5 s
7.	Färben in Mayers Hämalaun	5 min
8.	Bläuen in warmem Leitungswasser	10-15 min
9.	Differenzieren in Ethanol 70 vol %	ca 5 s
10.	Entwässern in Ethanol 80 vol %	10x
11.	2x Entwässern in Ethanol 96 vol %	10x
12.	2x Entwässern in Ethanol 100 vol %	10x
13.	2x Inkubieren in Xylol	10x
14.	Eindecken in Eukit	

3 Material und Methoden

3.3.2.5 EvG-Färbung

Die Elastika van Gieson-Färbung, die sich aus Weigerts Eisenhämatoxylin, Pikrofuchsin nach van Gieson und der Resorcin-Fuchsin-Lösung nach Weigert zusammensetzt, ermöglicht eine Differenzierung zwischen Kernen, Bindegewebe, Muskulatur und elastischen Fasern. Dabei werden Kerne schwarz-braun, Bindegewebe rot, Muskulatur gelb, und elastische Fasern schwarz gefärbt. Das Färbeprotokoll ist in Tabelle 3.11 dargestellt.

Tabelle 3.11 | Arbeitsschritte der EvG-Färbung

1.	Färben mit Elastin Färbelösung nach Weigert	10 min
2.	Spülen mit fließendem Leitungswasser	1 min
3.	Färben mit Weigerts Lösung A & B (1:1)	5 min
4.	Spülen mit fließendem Leitungswasser	1 min
5.	Färben in Pikrofuchsin-Lösung	2 min
6.	Differenzieren in Ethanol 70 vol %	1 min
7.	Entwässern in Ethanol 80 vol %	10x
8.	2x Entwässern in Ethanol 96 vol %	10x
9.	2x Entwässern in Ethanol 100 vol %	10x
10.	2x Inkubieren in Xylol	10x
11.	Eindecken in Eukit	

3.3.3 Subzelluläre Analyse

3.3.3.1 Elektronenmikroskopie

Die Elektronenmikroskopie wurde zur ultrastrukturellen Analyse der Schuppen und ihrer Auswüchse herangezogen. Die Proben (Schuppen, Auswüchse aus Schuppen) wurden in Monti-Graziadei-Lösung für 2 h fixiert und anschließend in einer aufsteigenden Alkoholreihe dehydriert (30%, 40%, 50%, 60%, 70%, 80%, 90% und 100% Ethanol für jeweils 15 min). Nach Trocknung wurden die Proben auf Aluminiumplättchen platziert und anschließend mit Carbongold besputtert. Danach wurden sie mit einem Scanning Elektronenmikroskop (SEM 505; Philips, Eindhoven, Niederlande) analysiert. Die Dehydrierung und Analyse wurde bei PD Dr. Matthias Klinger am Institut für Anatomie der Universität Lübeck von Frau Jutta Endler durchgeführt.

3.3.3.2 Konfokalmikroskopie

Für detailliertere Aufnahmen bei immunzytochemischen und toxikologischen Untersuchungen wurden einzelne Präparate mit Hilfe des konfokalen Laserscanningmikroskops (LSM) betrachtet und dokumentiert. Die Schnitte oder Zellen auf den Objektträgern konnten nach der Fluoreszenzfärbung (siehe 3.3.4) ohne weitere Vorbereitungen untersucht werden. Laserlicht einer definierten Wellenlänge wird dazu genutzt, die Fluoreszenzfarbstoffe anzuregen. Dabei kann man sich die besondere Eigenschaft des LSM zu Nutze machen, dass im Strahlengang des detektierten Lichts eine Lochblende (englisch: *Pinhole*) angebracht ist, die Licht außerhalb der Schärfeebene blockiert und so die Schärfentiefe erheblich verringert. Dies hat zur Folge, dass die Auflösung entlang der optischen Achse (z-Richtung) ansteigt, wodurch auch dickere Schnitte mit höherer Präzision aufgenommen werden können.

3.3.4 Immunfluoreszenz

Die immunchemischen Untersuchungen wurden überwiegend mit human- und mausspezifischen Antikörpern durchgeführt, da nur sehr wenig fischspezifische Antikörper vorlagen (siehe 3.1.5). Für die Färbungen auf Geweben der Regenbogenforellenhaut und bei den OBs wurden 14 µm und 8 µm dicke Kryoschnitte angefertigt. Zellen und Schuppenkulturen wurden in 2-Well Kammern für maximal fünf Tage unter Standardkulturbedingungen kultiviert (siehe 3.2.2.2). Die Schnitte wurden für 10 min getrocknet und anschließend drei Mal in PBS gewaschen. Auch die Zellen wurden mit PBS gewaschen. Danach folgte die Fixierung und Permeabilisierung des Materials in Azeton/Aqua dest. (7:3, Gewebe) oder Methanol/Azeton (7:3, Zellen) mit 1 µl/ml DAPI für 10 beziehungsweise 5 min bei Raumtemperatur. Folgend wurden alle Proben mit PBS gespült und für mindestens 20 min bei RT in 1,65 % Ziegenormalserum inkubiert, wobei die Schnitte mindestens eine Stunde inkubiert wurden. Gewebe sowie Zellen wurden ohne zu spülen mit den Erstantikörpern, die nach den Herstellerangaben in TBST mit 0,1 % BSA verdünnt wurden (Tab. 3.4), in einer feuchten Kammer über Nacht bei 4 °C inkubiert. Nachdem die Proben drei Mal mit PBS gespült wurden, kamen sie mit dem korrespondierenden Zweitantikörper (Tab. 3.5) für eine Stunde bei 37 °C in eine feuchte Kammer. Die Schnitte oder Zellen wurden dann wieder drei Mal mit PBS gespült, danach ein Mal in Aqua dest. gewaschen und schließlich in *Vectashield mounting medium* eingedeckt. Mit den Fluoreszenzmikroskopen *Observer Z1*, *Axioskop 2 Mot Plus* oder dem LSM konnten die gefärbten Zellen und Schnitte betrachtet und die Ergebnisse mit der CCD- Kamera sowie der *AxioCam MRc5* dokumentiert werden. Quantitative Analysen wurden durch Auszählen von mindestens drei repräsentativen Aufnahmen unter Zuhilfenahme des Programms *ImageJ* durchgeführt.

3 Material und Methoden

3.4 Molekularbiologische Methoden

3.4.1 DNA-Isolation

Die Isolation der genomischen DNA aus der Regenbogenforelle wurde nach dem Protokoll des *QIAamp DNA Investigator Kit* nach Herstellerangaben durchgeführt. Um die DNA aus den Gewebeproben zu isolieren, war als erstes ein Aufschluss der Zellen durch Lyse mit Proteinase K bei 56 °C über Nacht erforderlich. Das DNA-Isolationsverfahren des verwendeten Kits beruht auf der Bindung der DNA an eine Silikat-Gel-Membran durch Zentrifugation und ihre Aufreinigung über verschiedene Waschschritte, bevor die DNA in 50 µl ATE-Puffer eluiert wurde. Der Gehalt der DNA wurde mit dem *NanoDrop 1000* Spektrophotometer bestimmt, wofür nur 2 µl Probe benötigt wurden, und danach sofort verwendet oder bei -20 °C gelagert.

3.4.2 RNA-Isolation

Um die Fischstammzellen auch molekularbiologisch näher charakterisieren zu können, wurde vorbereitend die Gesamt-RNA von OMYsd1x – Zellen der Passagen 6, 15, 19 und 21 aus jeweils einer konfluent bewachsenen 75 cm² Zellkulturflasche (etwa 1×10^6 - 1×10^7 Zellen) isoliert. Die RNA-Isolation erfolgte mit Hilfe des *QIAgen RNeasy Plus Mini Kits* nach Herstellerangaben. Das Kit ist sowohl für Zellen als auch für alle Organe außer der Milz anwendbar. Alle molekularbiologischen Arbeiten mit RNA wurden mit RNase-freien Pipettenspitzen und Behältern durchgeführt.

Routinemäßig wurde eine automatisierte RNA-Isolation mit dem Nukleinsäureaufreinigungsroboter *QIACube*, Programm RNA nach Herstellerangaben durchgeführt, in Einzelfällen (Schuppenzellen) wurde jedoch auch per Hand nach Protokoll die RNA isoliert. Zunächst wurden Säulen und Probenröhrchen vorbereitet, um ein zügiges Pippetieren zu ermöglichen. Für die RNA-Isolation aus den

3 Material und Methoden

Organen wurde zunächst das Organ (z.B. Haut) mit Schere und Pinzette aus dem Fisch entnommen und direkt in einem Eppendorf-Reaktionsgefäß bei -80 °C eingefroren. Die gefrorenen Proben wurden dann in flüssigem Stickstoff gehalten, zermörsert und gemäß den Zellen weiter behandelt. Die einzelnen Schritte umfassten die Lyse und Resuspendierung des Zellpellets mit 350 µl RLT-Puffer und 3,5 µl ß-Mercaptoethanol, was mit einer Kanüle (0,9 mm Durchmesser) durch fünfmaliges auf- und absaugen durchgeführt wurde. Das Lysat wurde danach auf eine gDNA Eliminator-Säule gegeben und 30 s bei >8.000 x g zentrifugiert, um nicht erwünschte genomische DNA zu entfernen. Es folgte die Zugabe eines Volumens (350 µl) 70 %-igen Ethanols zum Filtrat. Die Probe wurde dann auf eine RNeasy-Säule gegeben und 15 s bei >8.000 x g zentrifugiert, um die RNA an die Säulenmembran zu binden und sie somit von den anderen Zellbestandteilen zu trennen. Weitere Verunreinigungen und Fremdstoffe sollten durch das anschließende Waschen entfernt werden. Dazu wurde nacheinander mit 700 µl RW1-Puffer und 500 µl RPE-Puffer gewaschen, nach Zugabe wurde für je 15 s bei >8.000 x g zentrifugiert. Anschließend erfolgte die Trocknung (Evaporierung des Ethanols) durch erneute Zugabe von 500 µl RPE-Puffer und 2 min Zentrifugation bei >8.000 x g. Eluiert wurde durch Zugabe von 40 µl RNase freiem Wasser und erneuter Zentrifugation bei >8.000 x g für 1 min. Der Gehalt der RNA wurde ebenfalls mit dem *NanoDrop 1000* Spektrophotometer bestimmt. Die Extinktion wurde bei 260 nm für Ribonukleinsäuren und bei 280 nm für Proteine gemessen. Die Ratio der beiden Messwerte (OD260/280) wird als Maß für die Reinheit der Probe herangezogen. Bei einem Wert von 1,8 -2,0 kann von einer reinen Nukleinsäurelösung gesprochen werden. Die gemessenen RNA-Konzentrationen waren für die nachfolgende Reverse Transkriptase-PCR (RT-PCR) hoch genug (siehe Tab. 7.3 im Anhang). Nach der photometrischen Bestimmung wurden die RNA-Proben zur anschließenden Bearbeitung (zB. cDNA-Synthese) auf Eis gelegt oder bei -20 °C für kurze beziehungsweise -80 °C für längere Zeit gelagert. Für die RT-PCR wurden immer 500 ng an RNA eingesetzt, was etwa 0.5 µl bis 5 µl Probe entsprach.

3.4.3 cDNA-Synthese

Für die Reverse Transkription Polymerasekettenreaktion (RT-PCR) wurden 500 ng RNA des jeweiligen Gewebes eingesetzt, wobei die Konzentration stets oberhalb von 100 ng/µl lag (siehe Tab. 7.3 im Anhang). Die cDNA (engl. *copied DNA*) Synthese wurde mit dem *QuantiTect Reverse Transcription Kit* entsprechend der Anleitung durchgeführt. Sie muss zunächst erfolgen, da generell in der RT-PCR keine RNA sondern DNA eingesetzt wird. Die RNA, der gDNA-*Wipeout* Puffer, die Quantiscript Reverse Transkriptase (RT), der Quantiscript Puffer, der RT-Primer Mix und das RNase freie Wasser wurden zunächst auf Eis aufgetaut. 2 µl gDNA-*Wipeout* Puffer (7x) und 500 ng RNA wurden mit RNase freiem Wasser auf 14 µl aufgefüllt, gemischt und für 2 min bei 42 °C inkubiert, danach auf Eis gestellt. Anschließend wurde ein Mastermix auf Eis pippetiert, bestehend aus 1 µl Quantiscript RT, 4 µl Quantiscript RT Buffer (5x) und 1 µl RT-Primermix (mit Mg^{2+} & dNTPs) pro Probe. Je nach Probenzahl wurde ein Mastermix n+1 angesetzt und jeweils der Mastermix für die negativ Kontrolle (–RT). Der Mastermix wurde dann in jedes Reaktionsgefäß zu den Proben gegeben beziehungsweise für die –RT mit 14 µl Wasser versetzt und für 30 min bei 42 °C inkubiert. Die Quantiskript RT schreibt während dieser Zeit die mRNA in cDNA um. Danach folgte eine Inkubation bei 95 °C für 3 min, um die Quantiskript RT zu inaktivieren. Der 20 µl cDNA-Ansatz wurde für den Einsatz in der PCR 1:10 verdünnt (20 µl Probe + 180 µl Wasser) und bis zur weiteren Verwendung bei -20 °C gelagert.

3.4.4 Gradienten- und RT-PCR

Die Reverse-Transkriptase-Polymerasenkettenreaktion (RT-PCR) vermag Nukleinsäureabschnitte exponentiell zu amplifizieren und dient somit dem Nachweis der Expression spezifischer Gene in Blutserum, Zellen und Geweben. Dabei wird eine hitzestabile DNA-Polymerase (z.B. DreamTaq-Polymerase) dazu genutzt, von einem freien 3'-OH-Ende eines kurzen doppelsträngigen DNA-

Abschnitts ausgehend einzelsträngige DNA zu duplizieren. Für jeden PCR-Ansatz wurden jeweils 5 µl 10x DreamTaq-Puffer, 5 µl 5 µM Primerpaarmix der spezifischen Primer (bestehend aus 10 µl 100 µM Vorwärts-Primer, 10 µl 100 µM Rückwärts-Primer und 180 µl RT-Wasser), 5 µl 2 mM dNTP-Mix (bestehend aus je 20 µl 100 mM dATP, dCTP, dGTP, dTTP und 920 µl RT-Wasser), 0,25 µl Dream-Taq-Polymerase (5 U/µl), 10 µl cDNA beziehungsweise 0,15 µg gDNA angesetzt und mit Aqua dest. auf eine Gesamtmenge von 50 µl aufgefüllt. Je nachdem, wie viele Ansätze (n) vorlagen, wurde ein Mastermix von n+1 angesetzt. Optional können 2-5 µl 50%-iges DMSO (entspannt sekundäre Strukturen) oder bis zu 3 M Betain (unterstützt die PCR) zum Ansatz zugegeben werden. Bei der Negativkontrolle wird statt der gDNA oder cDNA Aqua dest. verwendet.

Um die optimale Hybridisierungstemperatur der einzelnen Primerpaare zu finden, wurde zu Beginn der Versuchsreihen jeweils eine Gradienten-PCR durchgeführt. Die Gradienten-PCR wurde in einem Temperaturbereich von 54-62 °C gefahren. Um festzustellen, ob die designten Primer auch binden beziehungsweise spezifisch sind, wurde zunächst genomische DNA verwendet. Am Eppendorf Cycler wurde zur Durchführung das Programm „gradient" gewählt. Die Annealing-Temperaturen für die RT-PCR sind der Tabelle 3.3 zu entnehmen.

3.4.5 Kapillargelektrophorese

Um die in der PCR gewonnenen Nukleinsäurestränge nach ihrer molekularen Größe aufzutrennen, wurde eine Kapillargelektrophorese mit dem *QIAxcel* (Qiagen, Deutschland) analog zur herkömmlichen Agarose-Gelelektrophorese durchgeführt. Dabei wird durch Anlegen eines elektrischen Spannungsfeldes (5kV) eine Wanderung der negativ geladenen Nukleinsäuren zum positiven Pol der mit einem Polymergel gefüllten Kapillare (*QIAxcel DNA Screening Kit*) erzeugt. Die kürzeren Nukleinsäurestränge wandern schneller durch die mit Ethidiumbromid-Polymergel gefüllte Kapillare als

3 Material und Methoden

die längeren, was von einem Fluoreszenzdetektor erkannt und über einen Photomultiplier in eine elektronische Datei umgewandelt wird. Diese wiederum kann am Computer mit Hilfe der *BioCalculator* Software als Elektropherogramm und Gelbild dargestellt und bearbeitet werden.

Die Durchführung erfolgte nach Protokoll des *QIAXcel* Handbuchs. Dafür wurden minimal 15 µl Probenvolumen eingesetzt um das Ansaugen von Luft zu verhindern. Damit alle Probenröhrchen einer Reihe befüllt waren, wurden Röhrchen ohne Proben mit Dilutionspuffer gefüllt. Durch leichtes Klopfen oder die Verwendung einer spitzen Kanüle wurden Luftblasen entfernt. Zusätzlich zu der Probenreihe wurde eine Reihe des *QX Alignment Markers 15 bp/500 bp* in die vorgesehene Halterung eingesetzt. Nachdem die Parkposition am Gerät eingestellt wurde und im Programm sämtliche Einstellungen (Benennung des Laufes und der Proben, Methodik, User ID) festgelegt wurden, konnte die Analyse gestartet werden. Da eine mittlere Fragmentgröße erwartet wurde, ist die Methode *AM420* im Programm *BioCalculator 3.0* verwendet worden. Als Größenstandard wurde ein DNA-Größenstandard (*QX DNA Size Marker pUC18/HaeIII*) eingesetzt. Die Ergebnisse wurden als Gelbild und Elektropherogramm dargestellt.

3.5 Bioinformatische Methoden

3.5.1 Primerdesign

Da auf Grund von unvollständigen Datenbanken zwar eine beträchtliche Anzahl an sequenzierten Genen, aber nur wenige chemisch synthetisierte sequenzspezifische Oligonukleotide (sogenannte Primer) für die Regenbogenforelle vorlagen, wurden für die mRNAs von Zytokeratin 18, Kollagen Typ 1, *Elongation factor alpha* (elfa) und Vinculin selbstständig Primer entwickelt.

3 Material und Methoden

Für einen Vergleich (Alignment) mit bekannten Sequenzen aus human und eine Analyse von homologen DNA-Sequenzen der Regenbogenforelle sowie für das Design von Primern wurden verschiedene weitere bioinformatische Methoden angewandt, dazu zählen die Nutzung des Basic Local Alignment Search Tool (BLAST-) Programm des National Center for Biotechnology Information (NCBI, http://blast.ncbi.nlm.nih.gov) sowie die DNASTAR® LASERGENE® Software (DNASTAR, Inc., USA). Auf diese Weise wurden spezifische mRNAs gesucht und entsprechende Gensequenzen ermittelt (Tab. 3.3).

4 Ergebnisse

4.1 Etablierung von Zellkulturen aus Fischzellen

Zu Beginn dieser Arbeit waren nur wenige Langzeit-Zellkulturen von Fischen bekannt und im Gegensatz zu den Säugetier-Zellkulturen nur sehr wenige Zellkulturen von Fischen überhaupt verfügbar. Ein wichtiges Ziel war deshalb, aus verschiedenen Geweben und Organen von unterschiedlichen Fischarten Zellen zu isolieren und zu kultivieren, um so ein breites Spektrum an verschiedenen Zelltypen zur Verfügung haben zu können. Dabei wurde insbesondere versucht, Stammzellen und Vorläuferzellen aus Fischen zu gewinnen. Zu den insgesamt elf unterschiedlichen Fischarten zählen der Atlantische und Sibirische Stör (*Acipenser oxyrinchus oxyrinchus* und *Acipenser baerii baerii*), die Regenbogenforelle (*Oncorhynchus mykiss*), die Meerforelle (*Salmo trutta trutta*), der Stöcker (*Trachurus trachurus*), der Hering (*Clupea harengus*), der Europäische Wels (*Silurus glanis*), die Maräne (*Coregonus maraena*), der Europäische Aal (*Anguilla anguilla*), der Atlantische Lachs (*Salmo salar*) und der Zebrafisch (*Danio rerio*). Aus acht Organen und Geweben wie Körper, Haut, Leber, Pylorus, Herz, Kopfniere, Gehirn und Pankreas wurden Zellen gewonnen und über mehrere Passagen hinweg vervielfältigt. Insgesamt konnten seit Beginn dieser Arbeit durch den Autor 17 verschiedene Zellkulturen aus Fischen angelegt werden. Eine Übersicht über alle etablierten Zellkulturen ist in Tabelle 7.1 im Anhang beigefügt.

Gegenstand dieser Arbeit war die genauere Charakterisierung zweier neu etablierter Zellkulturen aus der Regenbogenforellenhaut, eine Primärkultur und eine Langzeit-Zellkultur, die mit unterschiedlichen Methoden gewonnen wurden. Eine Quelle für Zellen stellten auf Zellkulturplastik explantierte Fischschuppen dar, wobei sich die Zellen lediglich für kurze Zeit halten ließen und deshalb als Primärkultur verwendet wurden. Die Langzeit-Zellkultur wurde aus Explanten der Vollhaut der

4 Ergebnisse

Regenbogenforelle gewonnen, benannt als *Oncorhynchus mykiss* Vollhaut (engl. *skin derived*) 1 Explant (OMYsd1x). Beide Zellkulturen wurden charakterisiert und für erste Versuche zur Generierung eines dreidimensionalen Modells zusammengeführt. Die sich anschließende anwendungsspezifische Fragestellung bezüglich eines Einsatzes von Fischzellen für Zytotoxizitäts-Assays wurde mit der OMYsd1x – Zellkultur bearbeitet.

4.1.1 Etablierung und Charakterisierung von Zellen der Regenbogenforelle (*Oncorhynchus mykiss*) - Primärkultur Schuppenexplante

Die Isolierung der Schuppen und die damit verbundene Gewinnung von primären, überwiegend epithelialen Zellen erfolgten nach der unter 3.2.2.3 beschriebenen Methode. Ein erstes Auswachsen von epithelialen Schuppenzellen entlang der Schuppenränder wurde bereits nach 4-6 Stunden (h) beobachtet. Es wurden überwiegend unregelmäßig geformte Epithelzellen, aber auch kreisrunde Zellen ohne erkennbaren Kern gefunden (Abb. 4.1a). Letztere waren teils erhaben über den epithelialen Strukturen (Abb. 4.1a, Pfeilspitzen). Zellen am Rand der Wachstumsfläche waren meist abgeflacht oder bildeten Pseudopodien (Abb. 4.1b). Wurden die aus den Schuppen ausgewachsenen Zellen nach Zeiträumen von drei Tagen bis drei Wochen subkultiviert, so adhärierten sie zwar, jedoch ohne weitere Proliferationsaktivität zu zeigen. Sie bildeten kleine Kolonien von großen runden Zellen aus (Abb. 4.1c), die schließlich entweder statisch oder apoptotisch wurden und sich vom Schalenboden lösten. Dieser Vorgang wurde wiederholt beobachtet.

4 Ergebnisse

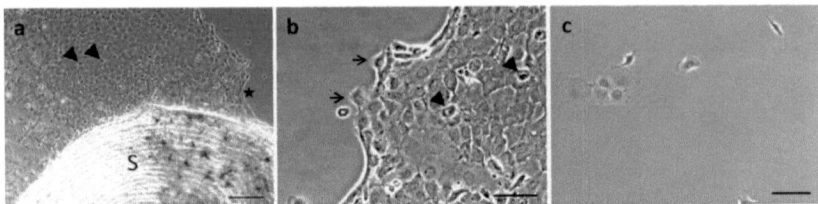

Abbildung 4.1 | Morphologie von Schuppenzellen der Regenbogenforelle (Oncorhynchus mykiss) in der Primärkultur. a) und b) Primärkulturen in Passage 0. Unter den epithelialen Schuppenzellen sind auch kreisrunde erhabene Zellen zu sehen (a und b, Pfeilspitzen). Zellen am Rand der Proliferationslinie sind sehr flach (a, Stern) oder migrieren aus dem Zellverband heraus, wie an den zahlreichen Pseudopodien zu sehen ist (b, Pfeile). c) Schuppenzellen nach der ersten Passage. Die Zellen werden sehr flächig und breit und proliferieren nicht mehr. Die Größenbalken entsprechen a) 200 µm und b), c) 50 µm.

4 Ergebnisse

Mittels ultrastruktureller Analyse wurde sowohl die Beschaffenheit der Schuppen nach der Explantation geprüft als auch die Oberfläche der Schuppenzellen untersucht. Dazu wurden einzelne Schuppen in Petrischalen platziert und nach dem in Abschnitt 3.3.3.1 beschriebenen Verfahren behandelt.

Deutlich zu sehen war eine einlagige Zellschicht auf einer Seite der Schuppe (Abb. 4.2a). Diese Zellschicht bedeckte etwa ein Drittel der Gesamtoberfläche der Schuppe. Der freiliegende Teil der Schuppe war von einer markanten Ringstruktur durchzogen, wobei die Ringe unterschiedlich starke Ausprägungen und Abstände zueinander hatten. Feine, fadenartige Fasern überwuchsen diese Ringe (Abb. 4.2b). Bei näherer Betrachtung der Zellschicht konnte eine plattenförmige Epithelstruktur gefunden werden, die als epitheliale Schicht (ES) bezeichnet wurde. Einige Zellen hatten sich während der Fixierung aus dem Verband gelöst, derweilen andere fixiert auf der Oberfläche aufsaßen (Abb. 4.2c). Es wurden zudem einzelne Zellen außerhalb der Schuppen gefunden (Abb. 4.2d). Diese Zellen wiesen eine auffällige Oberflächenstruktur auf. Kleine Kanälchen (engl. *microridges*) waren prominent auf der Oberfläche verteilt. Es wurden mehrere solcher Zellen mit *microridges* gefunden.

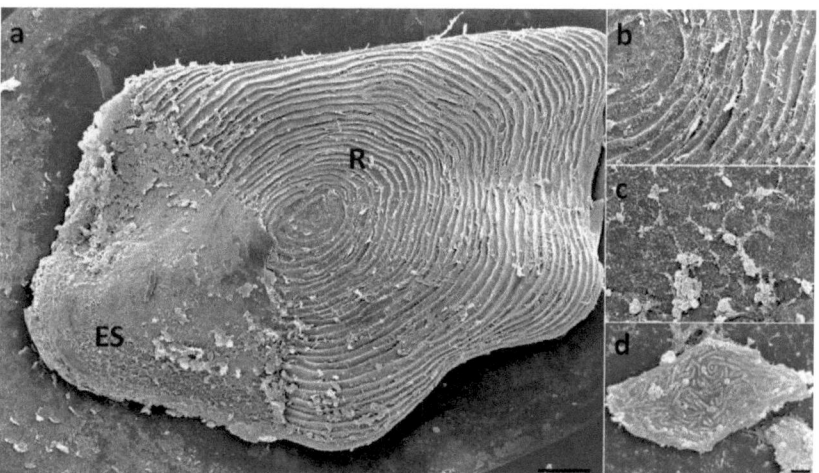

Abbildung 4.2 | Abbildungsunterschrift siehe S. 96.

4 Ergebnisse

Abbildung 4.2 | (S.95) Elektronenmikroskopische Aufnahmen einer Regenbogenforellenschuppe. a) Gut sichtbar sind die für Schuppen typischen Ringstrukturen (R) und die von Zellen bedeckte Seite der Schuppe, die als epitheliale Schicht (ES) benannt wurde. b) Ausschnitt der Ringstruktur. Feine, fadenartige Gebilde bedecken die Schuppe. c) Die epitheliale Schicht besteht aus eng verknüpften Epithelzellen, wobei sich einige Zellen abgekugelt hatten. d) Einige Zellen hatten sich aus dem Verband gelöst und lagen isoliert vor. Deutlich zu erkennen sind die kleinen Kanälchen auf der Oberseite der Zelle, die sogenannten *microridges*. Größenbalken entsprechen in a) 100 µm mit vergrößerten Ausschnitten in b) und c), sowie in d) 2 µm. Abbildung a aus [Rakers et al., 2011].

Das Auswachsen von Zellen aus einer explantierten Schuppe einer Regenbogenforelle konnte mittels Zeitraffer-Mikroskopie dokumentiert werden. Diese Methode erlaubt Aufnahmen und Beobachtungen einer Zellkultur über einen längeren Zeitraum, ohne dabei die Kulturbedingungen verändern zu müssen. Ein Video der vollständigen Dokumentation ist im Anhang auf der CD zu sehen. Ausschnitte sind in Abbildung 4.3 dargestellt. Bereits nach 4-6 h konnte eine erste Migration und Proliferation von Zellen beobachtet werden. Diese fand ausgehend von der als epitheliale Schicht bezeichneten Seite (Abb. 4.3, Stern) unterhalb der Schuppe statt. Die Zellen migrierten und proliferierten zunächst entlang der Schuppe (gestrichelter Pfeil). Nach 12 h war die gesamte Unterseite der Schuppe mit Zellen bedeckt, die sich nach weiteren 6 h auch auf der freien Zellkulturschale ausbreiteten und weiter stark proliferierten (Pfeile). Die Geschwindigkeit, mit der sich die Zellen teilten und migrierten, war zwischen 24 h und 30 h maximal. Ein kreisförmiger Bereich aus Zellen wurde rund um die die Schuppe bewachsen. Die maximale Größe dieser Zellmasse wurde zwischen 36 h und 42 h erreicht, wobei die Fläche einen Durchmesser von ca. 1 mm hatte. Davon wurden ca. 400 µm durch die Schuppe selbst eingenommen (Abb. 7.1 im Anhang).

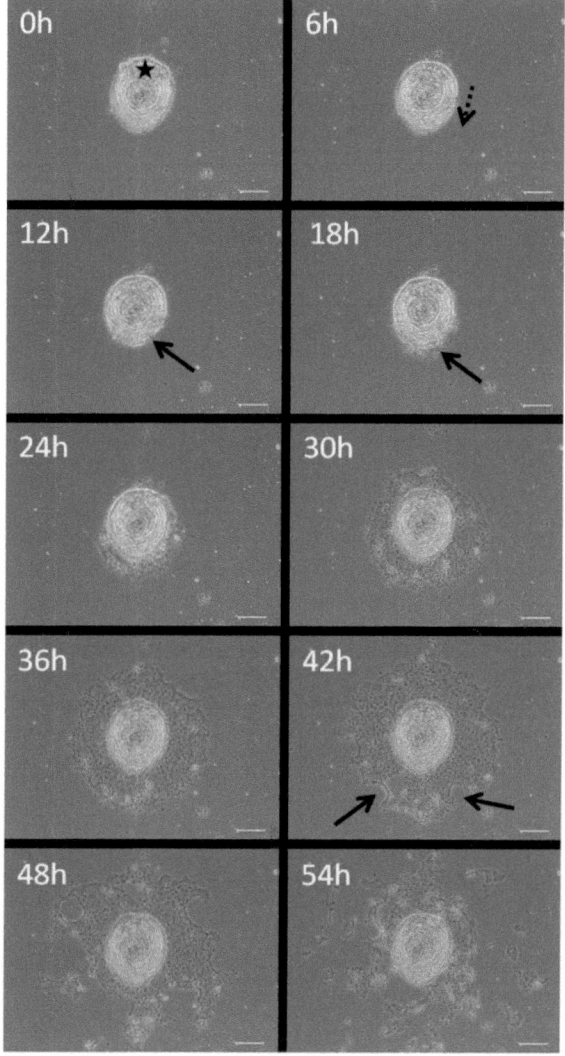

Abbildung 4.3 | Zeitrafferaufnahmen von Zellauswüchsen einer explantierten Regenbogenforellen-Schuppe über eine Dauer von 54 h. Ausgehend von der Schuppentasche (Stern) wachsen die Zellen unterhalb und entlang der Schuppe (gestrichelter Pfeil) bis an den Rand (Pfeil). Nach 18 h sind die ersten adhärenten Zellen außerhalb der Schuppe zu sehen (Pfeil). Bis 36 h nach Explantation der Schuppe teilen und vermehren sich die Zellen, ehe sich nach 42 h die

ersten Zellen aus dem Verband lösen und so Freiflächen entstehen (Pfeile). Nach 54 h können nur noch Zellinseln beobachtet werden. Die Größenbalken entsprechen 200 µm.

Nach 42 h begannen sich einige Zellen und später ganze Zellverbände aus der zusammenhängenden Zellfläche zu lösen. Dadurch entstanden an einigen Stellen Löcher im Zellrasen (Pfeile), während die Zellen in anderen Bereichen zunächst noch weiter proliferierten. Die bewachsene Gesamtfläche wurde deshalb unregelmäßig (Abb. 4.3). Nach 54 h war kein einheitlicher Zellverband mehr vorhanden, sondern Gruppen und Inseln von Zellen zu sehen. Diese formierten sich immer wieder neu, indem sich einzelne Zellen aus den Verbänden lösten und durch Bewegung Kontakt zu anderen Zellen und Zellgruppen suchten. In Film 1 (Anhang) konnte dokumentiert werden, wie sich zum Ende der Aufnahmen immer wieder Zellen und Verbände von Zellen ablösten und im Medium aus dem Fokus gespült wurden. Da nicht bei jedem Schuppenexplantat die Zellen gleich schnell auswuchsen und sich auch nicht gleich schnell wieder ablösten, wurde der Zeitpunkt der oben beschriebenen Subkultivierung stets variiert. Es konnte jedoch keine permanente Zellkultur aus diesen Schuppenzellen erhalten werden.

4.1.2 Etablierung und Charakterisierung von Zellen der Regenbogenforelle (*Oncorhynchus mykiss*) - Langzeit-Zellkultur OMYsd1x

Die zunächst in der Primärkultur erhaltene heterogene Zellpopulation aus der Vollhaut war ein Gemisch aus fibroblasten-ähnlichen Zellen und großflächigen unregelmäßig geformten bis runden Epithelzellen, die aus den Explantaten auf die Oberfläche der Zellkulturschale migrierten. Erste Zellen waren hier bereits nach 4-6 h zu sehen. Die erste Subkultivierung wurde frühestens eine Woche nach Explantation durchgeführt. Zu diesem Zeitpunkt hatte sich meist ein großflächiges Areal aus Zellen um die Explante herum gebildet (Abb. 4.4a, ein Teil des Explantats ist am Bildrand rechts unten erkennbar). Während

4 Ergebnisse

der ersten Subkultivierungen wurde ein langsames Wachstum der beiden Zelltypen beobachtet. Es konnte zunächst keine flächige Ausbreitung beobachtet werden. Stattdessen formten sich kleinere Inseln aus Zellen, die sich im Zentrum der Inseln langsam teilten und übereinander wuchsen (Abb. 4.4b, Pfeil), wodurch sich keine konfluente Zellfläche ausbildete. Somit wurde in den ersten Passagen stets bei Semikonfluenz subkultiviert, die nach etwa 20-30 Tagen erreicht wurde. Ab etwa der siebten Subkultivierung entstand nach dem Aussäen ein zweidimensionaler Zellrasen auf der gesamten Wachstumsfläche. Hier konnte nach vier bis sieben Tagen subkultiviert werden. In den späten Passagen wurde beobachtet, dass die lang gestreckten Zellen gegenüber den runden Zellen zunahmen. Diese Zellen lagen dicht gepackt als fibroblasten-ähnliche Zellen vor (Abb. 4.4c). Durchschnittlich wurde bei Konfluenz eine Wachstumsdichte von etwa 3×10^4 Zellen/cm² erreicht.

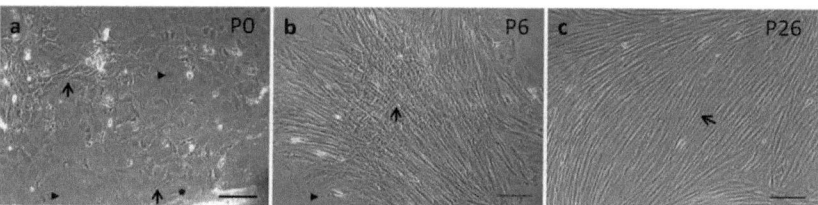

Abbildung 4.4 | Morphologie der *Oncorhynchus mykiss* Vollhaut 1 Explant (OMYsd1x) – Zellen in unterschiedlichen Passagen *in vitro*. a) Primärkultur, rechts unten ist ein kleiner Teil des Explantats erkennbar. Zu sehen sind sowohl runde epitheliale Zellen (Pfeilspitzen) als auch bi- bis multipolare spindelförmige Zellen (Pfeile). b) Passage 6, spindelförmige, fibroblasten-ähnliche Zellen lagern sich unter anderem quer übereinander an und bilden Zellinseln (Pfeil), wobei die Zellen am äußeren Rand noch zu migrieren scheinen (Pfeilspitze). c) Passage 26, spindelförmige Zellen, die eng beieinander liegen und die gesamte Wachstumsoberfläche bedecken. Es sind kaum noch runde Zellen zu sehen. Die Größenbalken entsprechen 200 μm.

Für die Bestimmung der Wachstumsrate der OMYsd1x Zellen bei unterschiedlichen Temperaturen wurden je 2×10^4 Zellen/ml der Passagen 12 und 19 in 12-Well Kulturplatten ausgesät. Die Zählungen fanden an Tag 1 sowie an Tag 5, 10 und 15 statt. Für jede Passage wurden pro Temperatur jeweils drei technische Replikate durchgeführt. Die in Abbildung 4.5 gezeigten Kurven repräsentieren die Mittelwerte der Replikate zu den vier verschiedenen Zeitpunkten. Ein Tag nach der Aussaat war die Zellzahl generell niedriger als die Ausgangszellzahl. Allerdings konnte bei einer Temperatur von 20 °C bereits ein höherer Prozentsatz an adhärierten Zellen im Vergleich zu einer Kultivierungstemperatur von 16 °C ermittelt werden. Hier wurden in beiden Passagen im Mittel $1,6 \times 10^4$ Zellen/ml gezählt. Bei 16 °C waren es im Mittel $1,1 \times 10^4$ Zellen/ml. Es konnte zudem ein stärkeres Wachstum der Zellen beider Passagen bei 20 °C Kultivierungstemperatur gemessen werden. Dabei war die Proliferation der Passage 12 am höchsten. Nach fünf Tagen hatte sich die Zellzahl bereits verdoppelt und nach weiteren zehn Tagen wurde eine mittlere Zellzahl von $2,34 \times 10^5$ Zellen/ml gemessen. Die Endkonzentration bei Passage 19 mit gleicher Kultivierungstemperatur betrug $8,22 \times 10^4$ Zellen/ml. Geringer waren die Werte für eine Temperatur von 16 °C. Hier konnte lediglich ein leichter Anstieg der mittleren Zellzahl nach 15 Tagen verzeichnet werden, sie lag für Passage 12 bei $2,54 \times 10^4$ Zellen/ml und für Passage 19 bei $3,13 \times 10^4$ Zellen/ml.

4 Ergebnisse

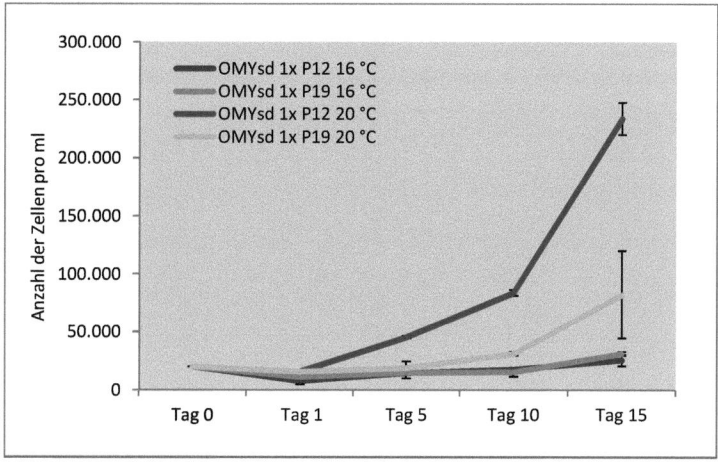

Abbildung 4.5 | Wachstumskurven von OMYsd1x – Zellen der Passagen 12 und 19. Die Zellen wurden bei Temperaturen von 16 °C und 20 °C kultiviert und einen Tag nach Aussaat (Tag 1) sowie an Tag 5, 10 und 15 gezählt. Die Startzellzahl lag bei 2 x 10^4 Zellen/ml. Zellen der Passage 12 zeichnen sich durch deutlich schnelleres Wachstum bei 20 °C im Vergleich zu 16 °C und zu Passage 19 aus. Angegeben sind die jeweiligen Mittelwerte der technischen Replikate (n = 3) und die Standardabweichungen.

OMYsd1x – Zellen wurden mit dem xCELLigence® RTCA auf ihre Adhäsions – und Proliferationseigenschaften untersucht (Abb. 4.6). Dazu wurde zunächst Passage 12 mit unterschiedlichen Zelleinsaatdichten getestet. Bei verdoppelter Einsaatdichte stieg der Zellindex nachlassend an. So wurde nach 2-3 h und einer Einsaatdichte von 1 x 10^4 Zellen/0,31 cm² ein Zellindex von etwa 2,0 gemessen, während bei 2 x 10^4 Zellen/0,31 cm² ein Wert von 4,0 und bei 4 x 10^4 Zellen/0,31 cm² ein Wert von 6,8 ermittelt werden konnte. Besonders auffällig war ein Abfall des Zellindex nach etwa 4 h bei allen Einsaatdichten. Je mehr Zellen eingesät wurden, desto stärker war dieser Abfall (Abb. 4.6a, Pfeile). Nach 48 h wurde ein lokales Minimum erreicht. Danach stieg der Wert des Zellindex bei allen Kurven wieder an. Am Ende der Messung fiel der Wert bei einer Einsaatdichte von 4×10^4 Zellen/0,31 cm² wieder leicht ab, während bei 2×10^4 Zellen/0,31 cm² die Kurve ein Plateau erreichte. Hier lag der CI bei 5,9, gleichzeitig war dies der höchste Abschlusswert. Die Differenz aus dem Zellindex nach 10 Tagen (240 h) und dem lokalen Minimum nach 48 h ergab die Ergebnisse für die stärksten Wiederanstiege, welcher für 2×10^4 Zellen/0,31 cm² mit 3,7 Punkten am höchsten war. Der zweitstärkste Anstieg wurde bei 1×10^4 Zellen/0,31 cm² verzeichnet, der Zellindex stieg von 1,5 auf 4,5 (Abb. 4.6a, Pfeilspitzen). Bei geringeren Einsaatdichten stieg der Zellindex deutlich weniger stark an.

Ein zweiter Versuch diente der Untersuchung unterschiedlicher Medien und des Einflusses von Wachstumsfaktoren auf das Verhalten der OMYsd1x – Zellen (Abb. 4.6b). Getestet wurden neben dem Standardkulturmedium (20 % FKS-DMEM Medium) noch DMEM Medium ohne FKS, 20 % FKS-DMEM Medium mit 1 % EGF und ein Medium für humane Keratinozyten- und korneale Epithelzellen, sogenanntes EpiLife® Medium. 2×10^4 Zellen/0,31 cm² wurden hierfür jeweils ausgesät. Insgesamt waren die Zellindizes mit Werten zwischen 0,5 und 3,0 niedrig. Die Kurven für das Standardkulturmedium und DMEM Medium mit 1 % EGF verliefen parallel, wobei das DMEM Medium mit 1 % EGF zwischen 0,3 und 0,6 CI-Punkten unter dem Standardkulturmedium lag (Abb. 4.6b, Stern und Pfeil). Wie bei dem ersten Test fiel auch hier der Zellindex nach etwa 4 h bei allen Kurven ab, stieg jedoch beim Standardkulturmedium und dem DMEM mit 1 % EGF nach etwa 84 h erneut an. Die Kurve für das EpiLife® Medium hatte einen wellenförmigen Verlauf mit einem Maximalwert von 1,5 nach 168 h (Abb. 4.6b, Pfeilspitze). Ein starker Abfall des Zellindex wurde für reines DMEM gefunden. Hier ging der Wert bis auf 0,3 am Ende des Versuchs zurück, obwohl der Index nach 2-3 h noch mit 1,6 über dem Wert für das EpiLife® Medium von 1,2 lag.

4 Ergebnisse

a

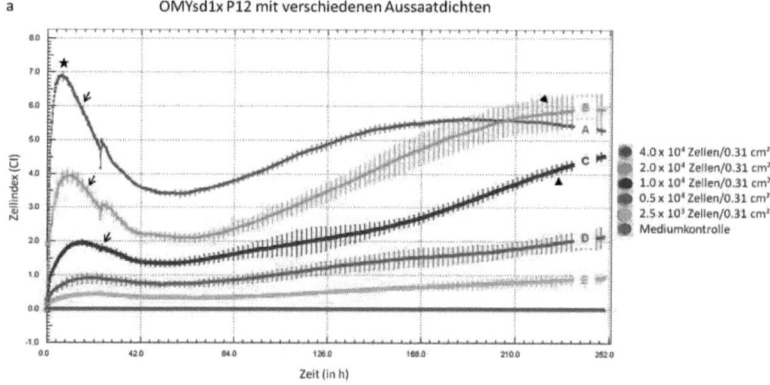

b

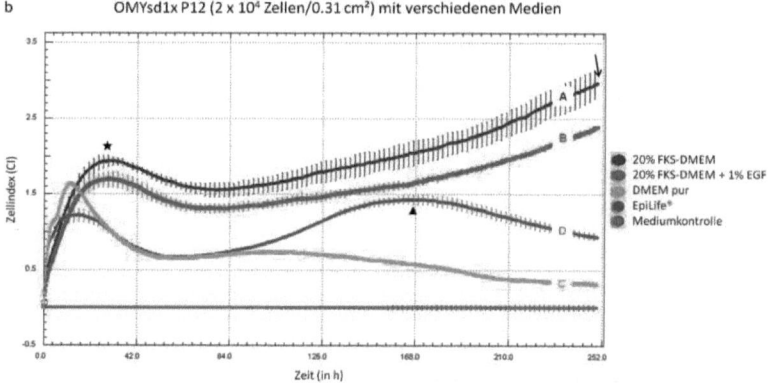

Abbildung 4.6 | Wachstumskurven der Langzeit-Zellkultur OMYsd1x der Passage 12 mit unterschiedlichen Einsaatdichten (a) und unterschiedlichen Medien (b). Gemessen wurden jeweils drei Replikate in einer 96-Well Platte anhand des xCELLigence® RTCA Systems. a) 4 h nach Einsaat der Zellen wurde der höchste Zellindex bei einer Aussaatdichte von 4×10^4 Zellen/0,31 cm² gemessen (Stern). Nach 4 h konnte ein Absinken aller Kurven beobachtet werden. Je größer die Aussaatdichte war, desto stärker war der Rückgang des Zellindex (Pfeile). Nach etwa 10 Tagen wurden die stärksten Wiederanstiege für Aussaatdichten von 1 und 2×10^4 Zellen/0,31 cm² gefunden (Pfeilspitzen). b) Bei einer Aussaatdichte von 2×10^4 Zellen/0,31 cm² wurden unterschiedliche Medien getestet. 4 h nach Beginn des Experiments wurde der stärkste Anstieg des Zellindex für 20 % FKS-DMEM beobachtet (Stern). Ebenfalls stieg der Zellindex bei 20% FKS-DMEM mit 1% EGF an, allerdings blieben die Werte stets etwa 0,2-0,4 Punkte geringer. Bereits nach etwa 2 Tagen sank der Wert für DMEM ohne FKS auf unter 1 und bis zum Ende des Experiments auf ca. 0,2. Einen

wellenförmigen Verlauf zeigte die Kurve für das EpiLife® Medium (Pfeilspitze). Der höchste Zellindex wurde für 20 % FKS-DMEM nach 252 h (etwa 10 Tagen) gefunden (Pfeil).

Wiederholungsversuche (Abb. 7.3 im Anhang) mit verschiedenen Passagen von OMYsd1x – Zellen wiesen hohe Zellindizes-Anstiege bei einer Einsaatdichte von 1×10^4 Zellen/0,31 cm² auf. Auch wenn für die Passage 12 der OMYsd1x – Zellen das Optimum an Zellwachstum bei 2×10^4 Zellen/0,31 cm² lag, wurden in den folgenden Versuchen stets 1×10^4 Zellen/0,31 cm² eingesetzt.

Ein dritter Versuch diente dazu, das Verhalten der Zellen in drei verschiedenen Medien und mit unterschiedlichen Konzentrationen an FKS zu dokumentieren (Abb. 4.7). So sollte einerseits festgestellt werden, ob sich die Zellen einer anderen Passage unterschiedlich zu den bislang getesteten Zellen verhalten oder ob sich Ähnlichkeiten beziehungsweise deutliche Muster nachweisen lassen. Andererseits sollte der Einfluß des FKS auf das Wachstum der Zellen überprüft werden. Dazu wurden FKS-Konzentrationen von DMEM und WME-Medium mit 5 %, 10 % und 20 % gewählt und mit reinem Medium sowie EpiLife®-Medium verglichen. Als Kontrolle diente DMEM-Medium mit 20 % FKS ohne Zellen. Alle Medien wurden über einen Zeitraum von 192 h getestet (Abb. 4.7a, b). Bei eingesetzten 1×10^4 Zellen/0,31 cm² lagen die Zellindizes insgesamt bei Werten zwischen 0,5 und 5,0. Der Index für DMEM mit 10 % FKS fiel nach Adhäsion der Zellen (ca. 4-6 h nach Einsaat) zunächst ab, während der Index für DMEM mit 20 % FKS erst langsam anstieg und nach einer Plateauphase (30-64 h) wieder stark anwuchs. Nach etwa 72 h verliefen die Kurven für das Standardkulturmedium und DMEM mit 10 % FKS parallel (Abb. 4.7a). Beide Kurven erreichten nach 192 h Endwerte, die zwischen 4,6 und 5,2 CI-Punkten lagen. Das DMEM-Medium mit 5 % FKS wies deutlich geringere Werte auf. Hier lag der finale Wert bei 2,7. Noch geringer waren die Zellindex-Endwerte bei reinem Medium und bei EpiLife® Medium mit jeweils 0,9. Auffällig war beim EpiLife® Medium der erneut wellenförmige Verlauf der

Kurve (Abb. 4.7a). Bei WME-Medien mit 10 % FKS (CI= 4,1) und 20 % FKS (CI= 5,1) konnten ähnliche Schlusswerte wie bei DMEM-Medien gemessen werden (Abb. 4.7b), jedoch fiel die Kurve für 10 % FKS gegen Ende der Messungen ab. Ein geringer Wert wurde bei WME-Medium mit 5 % FKS gefunden. Er lag bei 2,0. Mit einem Zellindex von 1,4 am Schluss der Messungen wies das WME-Medium ohne FKS den geringsten Wert auf. Weitere Versuche wurden nach diesen Ergebnissen mit 20% FKS-DMEM Medium durchgeführt.

4 Ergebnisse

a   OMYsd1x P37 (1 x 10⁴ Zellen/0,31 cm²) mit DMEM- und EpiLife®-Medium

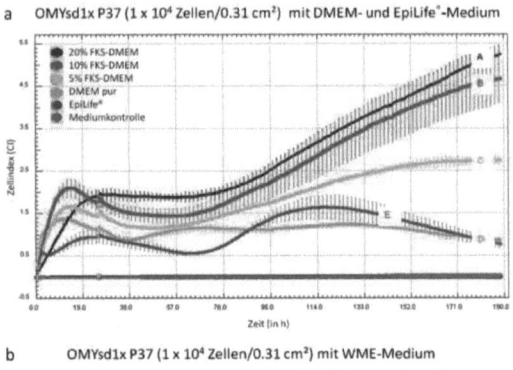

b   OMYsd1x P37 (1 x 10⁴ Zellen/0,31 cm²) mit WME-Medium

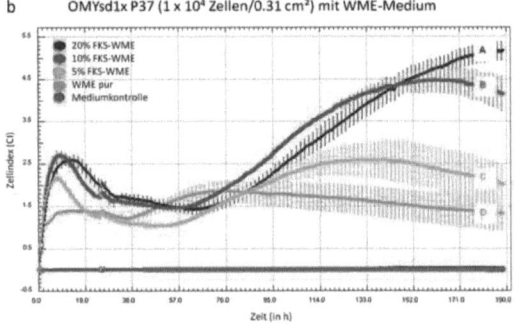

Abbildung 4.7 | Wachstumskurven der Langzeit-Zellkultur OMYsd1x der Passage 37 mit unterschiedlichen Medien und FKS-Konzentrationen. a) DMEM-Medium und EpiLife® Medium. b) WME-Medium. Die Zellen wurden mit einer Einsaatdichte von 1 x 10^4 Zellen/0,31 cm² in eine 96-Well Platte mit unterschiedlichen Konzentrationen an FKS in je drei Replikaten eingesät. Zu EpiLife® Medium wurde kein zusätzliches FKS zugesetzt. Dabei wurden stärkste Anstiege des Zellindex für 10 % und 20 % FKS-Zusatz gemessen, während geringe Werte für 5 % FKS-Zusatz und das EpiLife® Medium gemessen wurden. Medien ohne FKS-Zusatz hatten ebenfalls geringe Indizes.

OMYsd1x–Zellen wurden nach dem beschriebenen Verfahren (3.2.4) ohne Probleme eingefroren und nach unterschiedlich langer Lagerungszeit bei -196 °C im Stickstofftank wieder aufgetaut. Nach dem Auftauen zeigte sich in den frühen Passagen zunächst ein erkennbar langsameres Wachstums als bei Zellen, die nicht eingefroren wurden. Dazu trug insbesondere die in 4.1.2 beschriebene

4 Ergebnisse

Zellinselbildung in frühen Passagen bei. In späteren Passagen, ab etwa Passage 12, war diese Verlangsamung nicht mehr so deutlich. OMYsd1x-Zellen konnten in DMEM mit 20 % FKS weiterkultiviert werden, ohne dass Zellinselbildungen auftraten. Dabei hatten aufgetaute Zellen eine ähnliche Wachstumsgeschwindigkeit wie Zellen, die nicht eingefroren waren.

Um abschätzen zu können, wie viabel die OMYsd1x-Zellen nach einer Subkultivierung sind, wurde die Rate der adhärierten OMYsd1x-Zellen 24 h nach Subkultivierung der Passage 29 ermittelt (Tab.4.1). Hier konnte eine durchschnittliche Adhäsionsrate von 76 % gemessen werden. Dabei lag die Standardabweichung der technischen Replikate bei 19 %.

Tabelle 4.1 | Viabilitätsbestimmung anhand der Passage 29 der Langzeit-Zellkultur OMYsd1x. Einsaat von je 8×10^4 Zellen/ml und anschließende Zählung nach 24 h.

Eingesetzte Zellen/ml	Zellzahl/ml nach 24h	Adhäsionsrate in %
80.000	51.000	64
80.000	62.400	78
80.000	90.000	113
80.000	57.000	71
80.000	65.400	82
80.000	51.900	65
80.000	70.200	88
80.000	38.700	48
Mittelwerte±Standardabweichung	60.825±15.320	76±19

4 Ergebnisse

4.2 Vergleich der Schuppenzellen und OMYsd1x – Zellen

Durch einen Vergleich der aus Schuppen und Vollhaut der Regenbogenforelle verwendeten Explantate und den daraus *in vitro* ausgewachsenen Zellen sollte geprüft werden, ob sich die unterschiedlichen Kulturen hinsichtlich spezifischer Eigenschaften charakterisieren lassen. Dabei sollten Eigenschaften wie Identität mit dem Herkunftsgewebe, Gen- und Proteinexpression spezifischer Marker sowie Zellproliferation untersucht werden. Dazu wurde zunächst an histologischen Schnittpräparaten der Fischhaut ermittelt, welche Charakteristika die Fischhaut *in vivo* aufweist. Die Abbildung 4.8 verdeutlicht anhand vier verschiedener Färbetechniken die Struktur der Regenbogenforellenhaut *in vivo*.

Deutlich unterscheidbar waren bei der HE-Färbung die Bereiche Epidermis und Dermis sowie die daran angrenzende Hypodermis, deren fetthaltiges Gewebe durch eine Reihe schwarzer Melanozyten von der Dermis abgegrenzt wurde (Abb. 4.8a). Die Epidermis war aus mehreren Lagen von Epithelzellen aufgebaut, in die einzelne, mit schleimhaltigen Substanzen gefüllte Becherzellen integriert waren (Pfeile). Abgeschlossen wurde die Epidermis von einer Basalmembran (Abb. 4.8a, gestrichelte Linie) mit Basalzellen, undifferenzierten kubischen Epithelzellen mit zentral liegendem Nukleus. Die Dermis enthielt neben den Fibroblasten auch erkennbar schwarze Melanozyten. Nicht explizit angefärbt oder erkennbar waren die in den Schuppentaschen vermuteten schuppenbildenden Osteoblasten. Die AFG-Färbung wie die EvG-Färbung hoben besonders die kollagenhaltige Dermis hervor (Abb. 4.8b, d). Die EvG-Färbung markierte die elastischen Fasern der Dermis mit blau-violetter Farbe (Abb. 4.8d). Bei der AFG-Färbung wurde kollagenhaltiges Mesenchym der Dermis grün angefärbt. Ebenso deutlich waren hier die Becherzellen anhand ihrer violetten Färbung erkennbar (Pfeile). Zudem war eine deutliche Muskelschicht sichtbar und Schuppen fehlten, da dieser Schnitt aus einem Bereich in der Nähe des Kopfes der Regenbogenforelle stammte und die Dermis und die

4 Ergebnisse

Hypodermis nicht sehr ausgeprägt waren (Abb. 4.8b). Die PAS-Färbung zeigte, wie Becherzellen an der Oberfläche der Epidermis ihren Inhalt nach außen abgaben (Abb. 4.8c, Pfeil).

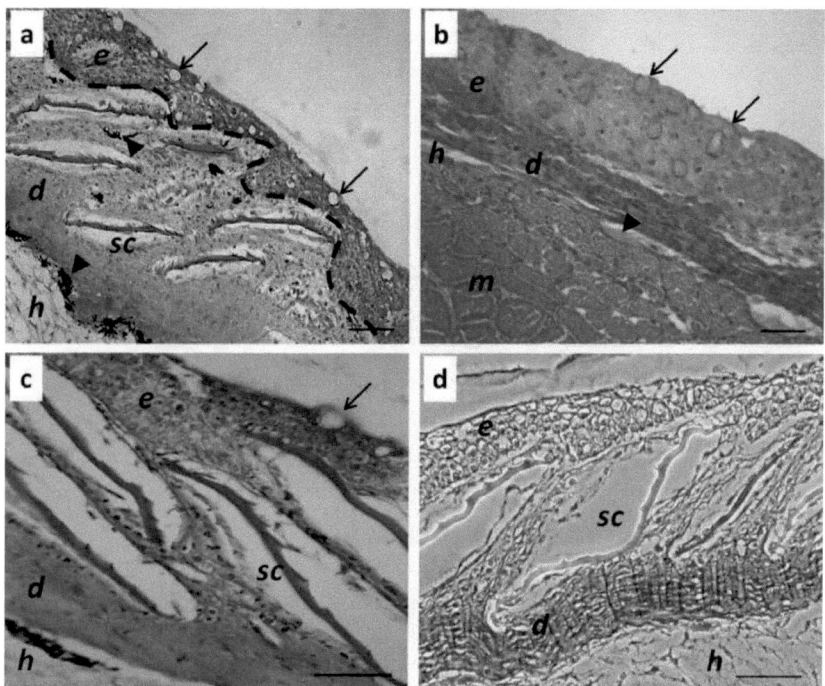

Abbildung 4.8 | Histologische Färbungen von Kryoschnitten der Regenbogenforellenhaut (*O. mykiss*). a) HE-Färbung. Die Epidermis ist dunkelrosa – rot gefärbt. Zellkerne blau. Gut erkennbar sind zudem die Mukus sezernierenden Becherzellen (Pfeile) und als schwarze Flecken die Melanozyten innerhalb der Dermis sowie zwischen Dermis und Hypodermis (Pfeilspitzen). Die Schuppen liegen deutlich abgegrenzt in der Dermis. b) AFG-Färbung. Hier ist die rötlich angefärbte Epidermis deutlich von der grünlich angefärbten Dermis zu unterscheiden. Auffällig sind die mit Schleimsubstanzen gefüllten Becherzellen (blau-violett). Da an dieser Stelle Haut aus der Nähe des Kopfes verwendet wurde, sind einerseits keine Schuppen zu sehen, andererseits sind die Dermis und die Hypodermis (Pfeilspitze) nicht stark entwickelt. c) PAS-Färbung. Magenta-pink angefärbt sind die mukusreichen Becherzellen (Pfeil) in der Epidermis. Die Zellkerne sind blau angefärbt. d) EvG-Färbung. Gut erkennbar ist die rosa eingefärbte Dermis, während die

Epidermis ungefärbt bleibt. Abkürzungen: d: Dermis, e: Epidermis, h: Hypodermis, m: Muskulatur, sc: Schuppen. Die Größenbalken entsprechen 20 µm.

4.2.1 Nachweis von Glykokonjugaten in der Zellkultur

Um spezifische Zellformen wie Becherzellen in der Zellkultur nachweisen zu können, wurde eine PAS-Färbung nach Protokoll (siehe 3.3.2.4) durchgeführt.

Bei Primärkulturen der Schuppenauswüchse konnten einzelne Zellen mit einer deutlich magenta-pinken Färbung nachgewiesen werden (Abb. 4.9b). Diese Zellen waren von runder Form, die im Mikroskop betrachtet, teils erhaben zwischen nicht positiven Zellen mit bläulich gefärbten Zellkernen saßen. Eine Färbung von OMYsd1x – Zellen der Passage 46 ergab, dass hier keine Glykokonjugate vorhanden waren. Sämtliche Zellkerne waren schwach blau angefärbt.

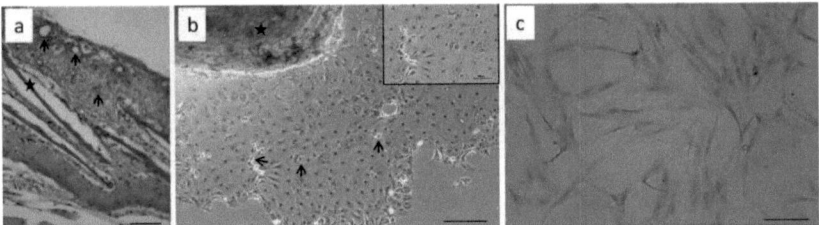

Abbildung 4.9 | PAS-Färbungen a) bei Vollhaut *in vivo*, b) bei Schuppenauswüchsen und c) bei OMYsd1x – Zellen der Passage 46 *in vitro*. Während in der Primärkultur der Schuppen (b) PAS-positive Zellen (magenta-pink: Pfeile und kleines Bild) zu sehen sind, können in der Zellkultur der Vollhautzellen (c) keine PAS-positiven Zellen gefunden werden. Die zur Kontrolle gefärbte Vollhaut zeigt, dass PAS-positive Zellen in Form von Becherzellen in der Epidermis liegen (a, Pfeile). Stern: Schuppe, Zellkerne in blau. Die Größenbalken entsprechen 50 µm (a und b, Ausschnitt), 400 µm (b) sowie 200 µm (c).

4 Ergebnisse

4.2.2 Genexpression von Zytokeratin 18, Vinculin und Kollagen Typ 1 in Schuppenzellen und OMYsd1x – Zellen

Um die Populationen der Schuppenzellen und der OMYsd1x – Zellen hinsichtlich ihres Differenzierungspotentials zu untersuchen, wurde die Expression der Marker Zytokeratin 18 (*engl. cytokeratin*, CK18), Kollagen Typ 1 und Vinculin analysiert. Als Kontrolle wurde das Housekeeping-Gen elfa (engl. *elongation factor 1-alpha*) gewählt (Abb. 4.10a). Es wurde in allen Proben deutlich detektiert, auch wenn die Menge der PCR-Produkte leicht variierte. Eine Negativkontrolle ohne die Reverse Transkriptase (-RT) ergab keine Bande und zeigte somit an, dass keine Verunreinigung durch DNA in den Proben vorhanden war (Abb. 4.10).

Die Ergebnisse der RT-PCR zeigten deutliche Banden für CK18 in allen getesteten Proben. Sowohl in isolierten Schuppenzellen als auch in OMYsd1x – Zellen verschiedener Passagen wurde CK18 gefunden, mit Banden in Höhe von 410 Basenpaaren (bp) allerdings um 28 bp höher als erwartet (Abb. 4.10b). Vinculin konnte in Schuppenzellen deutlich nachgewiesen werden, die Detektion von Vinculin in den OMYsd1x – Zellen war hingegen nur schwach zu sehen. Kollagen Typ 1 (Abb. 4.10d) hingegen konnte auf mRNA Ebene in Schuppen sehr schwach nachgewiesen werden. Nur schwache Banden traten in den Passagen 6, 15 und 21 der OMYsd1x – Langzeit-Zellkultur auf, während in Passage 19 eine deutliche Bande zu sehen war (Abb. 4.10d).

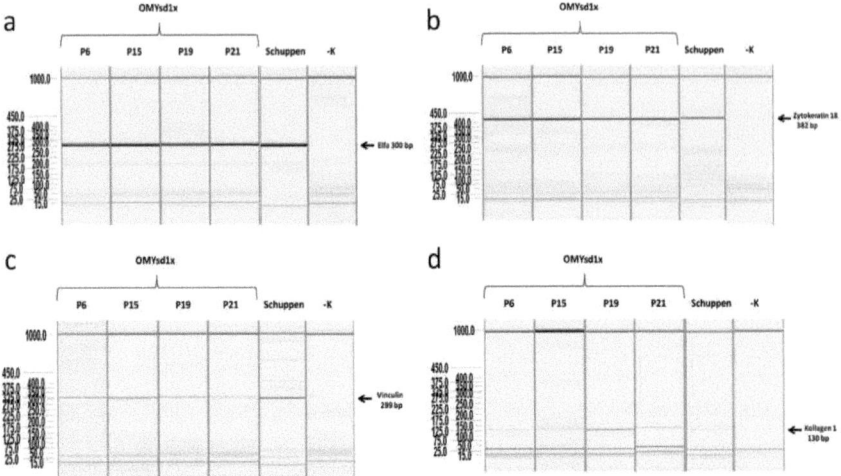

Abbildung 4.10 | Nachweis der Expression von elfa (a), Zytokeratin 18 (b), Vinculin (c) und Kollagen Typ 1 (d) in der Schuppen-Primärkultur und in verschiedenen Passagen der Langzeit-Zellkultur OMYsd1x. Dargestellt sind die durch Kapillargelelektrophorese aufgetrennten Produkte der Reversen Transkriptase – PCR, durch die CK18 und Vinculin in verschiedenen Passagen von OMYsd1x und Kollagen 1 in Passage 19 nachgewiesen werden konnten. Als interne Kontrolle diente der *elongation factor alpha* (elfa). Die Negativkontrolle ist die Template-RNA ohne Quantiskript RT. Für die Überprüfung der Fragmentgröße wurde ein DNA-Größenstandard verwendet.

4 Ergebnisse

4.2.3 Analyse des Protein-Expressionsprofils

Ein Vergleich von Gewebeschnitten, Schuppenexplanten und Zellen der OMYsd1x – Langzeit-Zellkultur sollte Aufschluss über epidermale oder dermale Eigenschaften der Zellen geben. Die Charakterisierung der verschiedenen Zelltypen aus der Regenbogenforellenhaut wurde mittels Immunzytochemie unter Anwendung verschiedener Antikörper durchgeführt (Abb. 4.11). Nachgewiesen werden konnte CK18, ein saures Keratin, welches primär in Epithelien außer dem Plattenepithel gefunden wird und in Kombination mit dem basischen Keratin 8 eines der häufigsten Intermediärfilamente bildet. In den Gewebeschnitten wurde es in einigen Epithelzellen rund um die Schuppen und in epidermalen Zellen gefunden (Abb.4.11a, Pfeile). Es wurde sowohl in 99 % der Zellen der Schuppenexplante als auch in den meisten Zellen des Vollhautderivats OMYsd1x gefunden (Abb.4.11b-c). Weiterhin wurde Zytokeratin 7 (CK7) gefärbt, ein niedermolekulares Zytokeratin, welches ebenfalls nur in Epithelien sowie in Tumoren existiert und einen typischen Marker für ektodermale Strukturen darstellt. Im Gewebe wurde es überwiegend entlang der Schuppen sowie in den Myosepten der Dermis gefunden (Abb.4.11d, Pfeile). In den Schuppenzellkulturen wurde es nicht oder nur selten vereinzelt detektiert (Abb.4.11e, Pfeil), in den OMYsd1x-Zellkulturen war CK7 nicht detektierbar.

Der dritte Antikörper war gegen Kollagen Typ 1 gerichtet, welches meist in faserigem Gewebe wie Sehnen, Bändern und Haut vorhanden ist und daher als spezifisch für mesodermale Strukturen angesehen wird. Im Gewebe färbte es die Dermis und eingebettete Schuppen deutlich an, während die Epidermis ungefärbt blieb (Abb.4.11g). Ebenfalls negativ war die Färbung der Schuppenzellen, während es in OMYsd1x – Zellen wiederholt detektiert werden konnte (Abb.4.11h, f+i).

Vigilin, ein ubiquitär vorkommendes Multi-(KH)-Domäne Protein, das eine aktive Proteinbiosynthese nachweist, wurde als vierter Antikörper eingesetzt. Es konnte sowohl in epidermalen als auch in dermalen Strukturen der Haut nachgewiesen werden, wobei die Detektion in der Epidermis stärker war als in der Dermis (Abb.4.11k). In den Zellkulturen konnte Vigilin nicht nur in den Schuppenzellen, sondern auch in den OMYsd1x – Zellen nachgewiesen werden (Abb.4.11l-m).

Ein weiterer eingesetzter Antikörper war Vinculin, das bei Zell-Zell-Kontakten und der fokalen Adhäsion von Zellen eine Rolle spielt. Dieser Antikörper wurde lediglich auf den OMYsd1x – Zellen sowie im Gewebeschnitt in der Epidermis (nicht gezeigt) nachgewiesen (Abb.4.11i). Tabelle 7.2 im Anhang führt alle benutzten Antikörper und die Detektion ihrer Antigene in den untersuchten Geweben und Zellen auf.

4 Ergebnisse

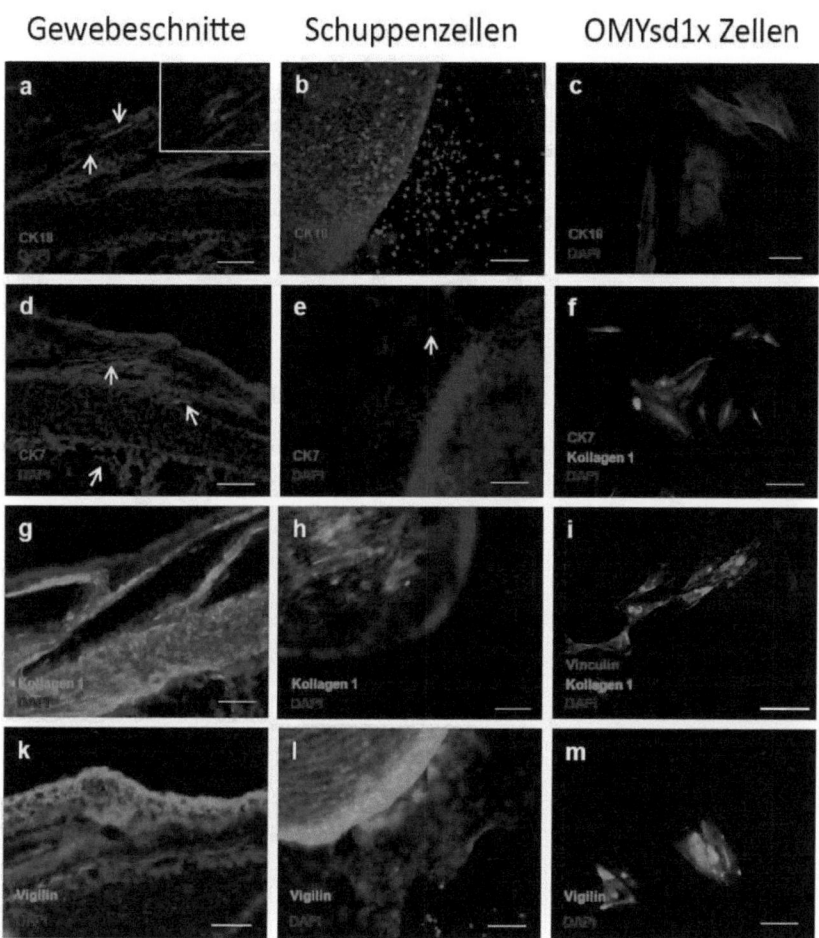

Abbildung 4.11 | Abbildungsunterschrift siehe S.116.

4 Ergebnisse

Abbildung 4.11 | (S.115) Immunfluoreszenz-Färbungen von Regenbogenforellenhaut (a, d, g, k), primären Schuppenzellkulturen (b, e, h, l) und OMYsd1x–Zellen (c, f, i, m). Reihe a-c zeigt den immunzytochemischen Nachweis von Zytokeratin 18 (CK18, rot). In den Gewebeschnitten kann CK18 in der Epidermis entlang der Schuppen und in der Hypodermis detektiert werden (Pfeile). Ebenfalls positiv ist CK18 in Schuppen- und OMYsd1x – Zellen. d-f: Expressionsmuster von Zytokeratin 7 (CK 7, rot). In Gewebeschnitten sind Zellen entlang der Schuppen und in den Myosepten positiv gefärbt. Im Gegensatz zu den Färbungen des Gewebes wird CK7 in den primären Zellkulturen der Schuppen nur vereinzelt (e, Pfeil) und in den Langzeit-Zellkulturen der Passage 18 nicht gefunden. Zusätzlich zu CK7 wird bei der Analyse der Langzeit-Zellkulturen Kollagen Typ 1 markiert (grün) und bestätigt damit die folgende Färbung. g-i: Markierung von Kollagen Typ 1. Kollagen Typ 1 wird deutlich in der Dermis und um die Schuppen des Gewebeschnitts detektiert, ebenso bei den OMYsd1x – Zellen zusammen mit Vinculin (i, rot). Vinculin wurde gefärbt, um fokale Kontakte der Zellen der Langzeit-Zellkultur zur Wachstumsoberfläche zu demonstrieren. In den ausgewachsenen Schuppenzellen kann kein Kollagen Typ 1 detektiert werden, wohingegen die Schuppe selbst positiv markiert ist. Reihe k-m zeigt die Detektion von Vigilin. Vigilin kann im Gewebe sowie in beiden Zellkulturen nachgewiesen werden. Die Größenbalken entsprechen 50 µm (a, c, g, k, m), 100 µm (f, i) und 200 µm (b, d, e, h, l).

Die Proliferation beider Zellkulturen der Regenbogenforelle sollten ebenfalls immunzytochemisch überprüft werden. Hierbei kann insbesondere noch genauer auf den Status jeder Einzelzelle eingegangen werden. Die Proliferation der Schuppenzellen wurde mit einem Ki67-Antikörper detektiert, die der OMYsd1x – Zellen aus Passage 37 mit dem *Click-it® assay* (EdU-Markierung) bestimmt. Die Ki67-positiven Zellkerne von Zellen aus den Schuppenexplanten machten 97 % ± 3% aller Zellen (n=3) aus. Mit der EdU-Markierung konnten durchschnittlich 66 % ± 8% positive Zellkerne bei OMYsd1x – Zellen (n=4) gezählt werden. Die Intensität der Grünfluoreszenz war unterschiedlich stark, je nach Expressionsstärke von Ki67 oder ob wenig oder viel EdU eingebaut wurde (Abb. 4.12).

4 Ergebnisse

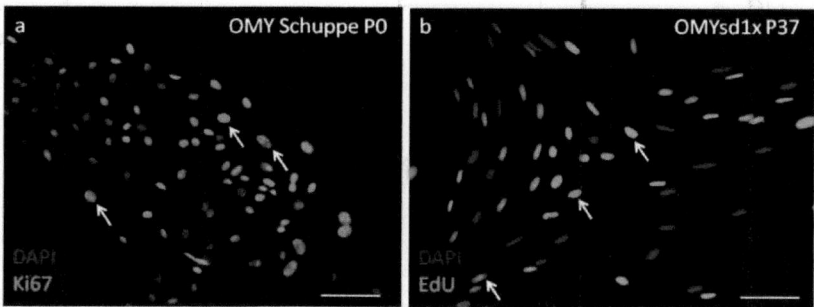

Abbildung 4.12 | **Proliferationsanalyse** von Fischzellen mittels Färbung von Ki67 und dem EdU-Assay. a) Primäre Schuppenzellkultur, gefärbt mit dem Proliferationsmarker Ki67. Sehr viele Zellen, durchschnittlich 97 %, sind positiv, jedoch nach Expressionsstärke unterschiedlich gefärbt (Pfeile, blaugrün bis grün). b) OMYsd1x – Zellen der Passage 37. Durchschnittlich 66 % der Zellen sind positiv für EdU (grün), mit schwacher bis starker Fluoreszenz, je nach Einbau des EdU (Pfeile). Die Größenbalken entsprechen 50 µm.

Um die Expressionsmuster der positiv getesteten Marker CK18 und Kollagen Typ 1 noch genauer zu untersuchen, wurden Zellauswüchse aus Vollhautexplantaten der Regenbogenforelle zu zwei verschiedenen Zeitpunkten untersucht. Dabei zeigte sich, dass CK18 drei Tage nach der Explantation kaum detektiert werden konnte, nach weiteren drei Tagen jedoch viele Zellen eindeutig positiv waren (Abb. 4.13a, b). Kollagen 1 konnte zu beiden Zeitpunkten in 99 % der Zellen detektiert werden, jedoch in unterschiedlichen Ausprägungen. So war Kollagen Typ 1 an Tag 3 in den Zellen gleichmäßig schwach im Zytoplasma verteilt. An Tag 6 jedoch konnten schwach und diffus fluoreszierende, Plattenepithel-ähnliche Zellverbände von stark fluoreszierenden Fibroblasten-ähnlichen Zellen unterschieden werden (Abb. 4.13c, d).

4 Ergebnisse

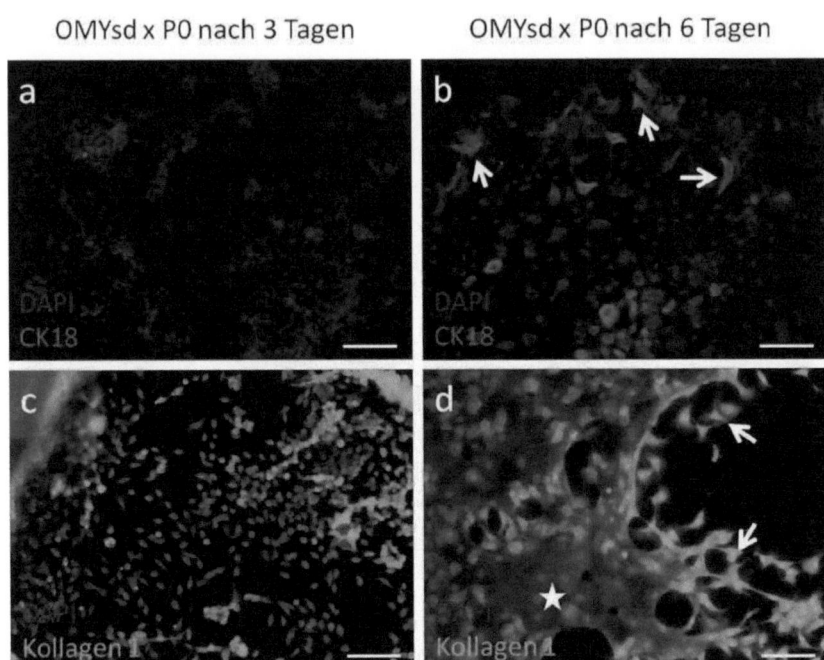

Abbildung 4.13 | Immunfluoreszenz-Färbungen von OMYsd –Zellen aus Explantaten in der Primärkultur (P0). a) und b) zeigen den immunzytochemischen Nachweis von Zytokeratin 18 (CK18). CK18 – positive Zellen (rot, Pfeile) werden nach 3 Tagen kaum, jedoch nach 6 Tagen eindeutig gefunden. c) und d) zeigen die positive Detektion von Kollagen Typ 1 (grün) an beiden Tagen. Allerdings wird Kollagen Typ 1 nach 6 Tagen in einigen Zellen am Rand des Auswuchses deutlich stärker angefärbt (Pfeile) während es in Epithel-ähnlichen Zellen schwächer und diffus verteilt angefärbt wird (Stern, d). Die Größenbalken entsprechen 200 μm.

4 Ergebnisse

4.3 Versuche zur Generierung eines 3D-Fischhautmodells

Die Bildung dreidimensionaler Strukturen konnte durch fortlaufende Kultivierung über den konfluenten Status hinaus erreicht werden, sodass sich ein „Häutchen" aus der Zellmasse bildete (Abb.4.14a). Dieses konnte nach wenigen Wochen mit Hilfe eines Schabers vom Schalenboden abgelöst und mit Pinzetten vorsichtig angehoben werden (Abb.4.14b). Das Häutchen war sehr elastisch, was durch die starke Formveränderung nach Anheben und Ziehen des Häutchens deutlich wurde (Abb.4.14c).

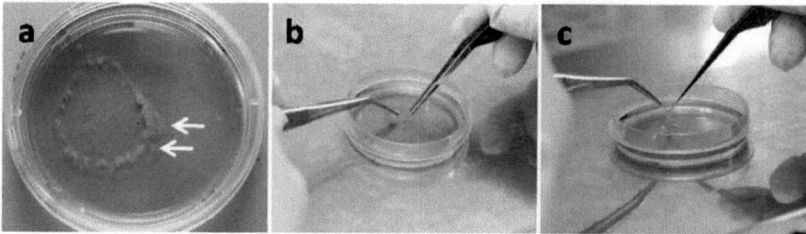

Abbildung 4.14 | Langzeitkultivierung von OMYsd1x – Zellen - Bildung eines Häutchens. a) Drei Monate nach Einsaat der Zellen hat sich ein dichter Zellrasen gebildet, der makroskopisch schon durch die Bildung von ersten organoid-ähnlichen Strukturen zu erkennen ist (Pfeile). b) und c) Löst man die Zellen mit einem Schaber vorsichtig vom Schalenboden ab, so kann man sehen, dass sie ein zusammenhängendes Häutchen bilden, das mit Pinzetten angehoben werden kann. Das Häutchen ist sehr elastisch.

Wurden OMYsd1x – Zellen für einen längeren Zeitraum (> 1 Monat in einer Petrischale) über den konfluenten Zustand hinaus kultiviert, konnte beobachtet werden, dass die Zellen sich selbstständig vom Schalenboden ablösten und größere Aggregate in Form von *organoid bodies* (OBs) bildeten (Abb. 4.15). Die Entstehung dieser OBs konnte in Timelapse-Aufnahmen dokumentiert werden (siehe Film 2 im Anhang).

4 Ergebnisse

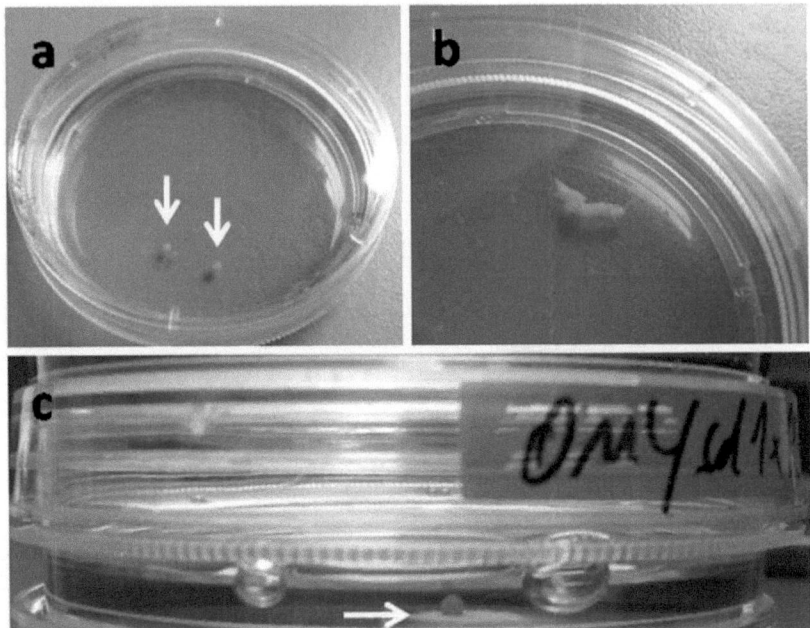

Abbildung 4.15 | Langzeitkultivierung von OMYsd1x – Zellen - Bildung von 3-dimensionalen Strukturen. Verschiedene Formen von Aggregaten, die sich nach monatelanger Kultivierung ohne Subkultivierung ausbilden. a) Runde, organoid-ähnliche Aggregate, b) lang gestreckte, gewebeartige Aggregate, c) nach Übersetzen in neue Schale angewachsenes Aggregat.

Weiterhin wurde beobachtet, dass die OBs, die sich in den Schalen häufig vom Boden ablösten, beim Umsetzen in neue Schalen wieder anwuchsen. Um zu untersuchen, in welchen Bereichen dieser 3-dimensionalen Gebilde eine Proliferation stattfand, wurden OBs mit EdU markiert, anschließend in TissueTek® fixiert und Kryoschnitte angefertigt. Immunfluoreszenzaufnahmen zeigten EdU-markierte Zellen im Randbereich der OBs an (Abb.4.16a). Im inneren Teil des OBs waren hingegen nur wenige Zellen positiv für EdU. Weitere immunzytochemische Analysen mit spezifischen Markern ergaben positiv markierte Zellen für CK7, CK14 und CK18 sowie für Kollagen 1 (Abb. 4.16b-e). Dabei waren fast alle Zellen positiv für CK18 und Kollagen Typ 1, wobei letzteres die in Abbildung 4.14 gefundene Elastizität bestätigt. Für CK7 konnten schätzungsweise mehr als 80% positive Zellen detektiert werden und für CK14 waren nur vereinzelte Zellen positiv.

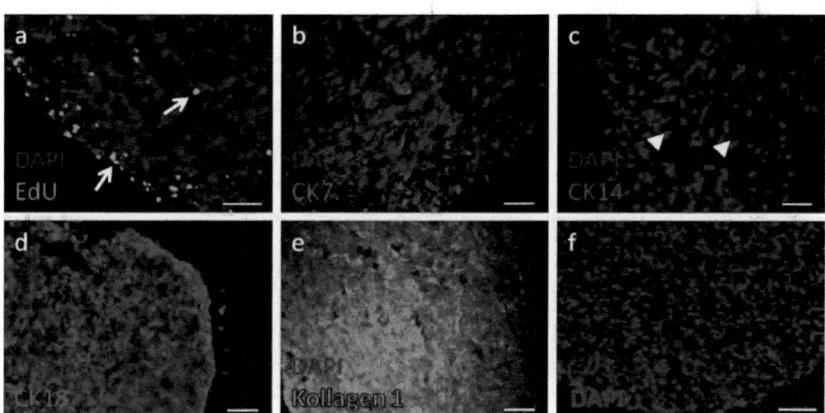

Abbildung 4.16 | Immunfluoreszenz-Färbungen von OMYsd1x - OB- Kryoschnitten. a) Proliferation von OMYsd1x – Zellen am Rand der OBs. Äußere Zellen sind vielfach positiv für EdU, im inneren Teil des OBs sind nur wenige Zellen EdU-positiv. b) Viele Zellen sind positiv für CK7. c) CK14 ist in wenigen Zellen positiv angefärbt (Pfeilspitzen). d) Filamentäre Strukturen von CK18 sind in nahezu allen Zellen sichtbar angefärbt. e) Kollagen Typ 1 ist stark positiv im Zytoplasma der Zellen angefärbt. f) DAPI-Kontrolle ohne Primärantikörper. Größenbalken entsprechen 20 µm (b-e) und 40 µm (a und f).

4.3.1 Kombination von OMYsd1x- und Schuppenzellen

Ausgehend von der Beobachtung der spontanen Ausbildung dreidimensionaler Strukturen entstand die Idee, in einem ersten Ansatz aus den zwei unterschiedlichen Zelltypen der Regenbogenforellenhaut ein dreidimensionales Fischhautmodell zu entwickeln, welches sich der *in vivo* –Situation noch näher anpasst als eine einfache zweidimensionale Zellkultur. Dazu wurde zunächst ein effektives System zur

4 Ergebnisse

Markierung und Nachverfolgung der Zellen entwickelt, bei dem unterschiedlich fluoreszierende Nanopartikeln der Firma Eppendorf verwendet wurden.

Jeweils 5 nM Nanopartikel QTracker 605 (rote Fluoreszenz) beziehungsweise 5 nM QTracker 525 (grüne Fluoreszenz) wurden mit OMYsd1x –Zellen und primären Schuppenzellen der Regenbogenforelle inkubiert und zunächst beobachtet. Nach wenigen Tagen wurden die Zellen zusammen in einer neuen Petrischale ausgesät. Sowohl die OMYsd1x –Zellen als auch die Schuppenzellen wiesen vor der Zusammenführung eine leicht heterogene Verteilung der Nanopartikel auf (Abb. 4.17a, b). Es konnte beobachtet werden, dass einige Zellen mehr Nanopartikel aufgenommen hatten als Nachbarzellen, wodurch es an einigen Stellen in der Kultur zu stärkerer Fluoreszenz kam (Pfeile). Wenige andere Zellen wiederum nahmen keine Nanopartikel auf (Pfeilspitzen). Nach Zusammenführung der Zellen wurde ebenfalls eine heterogene Verteilung gefunden. Grün markierte Schuppenzellen (Pfeilspitzen) und rot markierte OMYsd1x – Zellen (Pfeile) waren jeweils konzentriert an wenigen Stellen zu finden, wobei der Anteil nicht-markierter Zellen stark anstieg (Abb. 4.17c und Ausschnitt). Bedingt durch die heterogene Verteilung der Nanopartikel konnte folglich ein Großteil der Zellen nach der Zusammenführung nicht mehr erfasst werden.

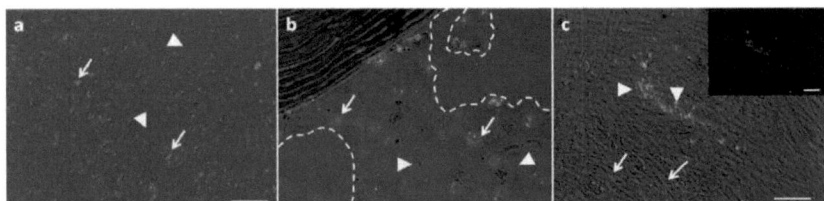

Abbildung 4.17 | Nanopartikel auf Fischzellkulturen. a) Markierung von OMYsd1x – Zellen der Passage 22 mit 5 nM QTracker 605 (rot). Ca. 90 % der Zellen nehmen die Nanopartikel auf. b) Markierung von Primärkulturen der Schuppenzellen der Regenbogenforelle mit 5 nM QTracker 525 (grün, Fläche umrandet). c) Nach Zusammenführung beider Zellkulturen können sowohl rot markierte OMYsd1x – Zellen (Pfeile) als auch primäre Schuppenzellen (grün,

Pfeilspitzen) wiedergefunden werden, wobei rot markierte Zellen dominieren. Größenbalken entsprechen jeweils 200 µm.

4.3.2 Integration von Schuppenzellen in die OMYsd1x-Langzeit-Zellkultur

Zur Etablierung eines ersten komplexen Hautmodells aus Fisch musste eine neue Methode entwickelt werden, da sich die in 4.3.1 beschriebene Kombination von Schuppenzellen und OMYsd1x – Zellen mit Hilfe von Nanopartikeln als nicht effizient genug darstellte. Um die Zusammenführung zweier Zelltypen effektiv und in Echtzeit beobachten zu können, wurde deshalb ein konfluenter Zellrasen aus OMYsd1x – Zellen der Passage 14 mit Hilfe einer sehr feinen Glaskapillare sowie einer Pipette bearbeitet (Abb. 4.18). Dazu wurde ein kleines Stück der Zellkulturplastik von Zellen befreit und in diese Freifläche eine Schuppe explantiert. Beide Zellkulturen konnten anhand der in 4.1.1 und 4.1.2 beschriebenen Morphologie gut unterschieden werden.

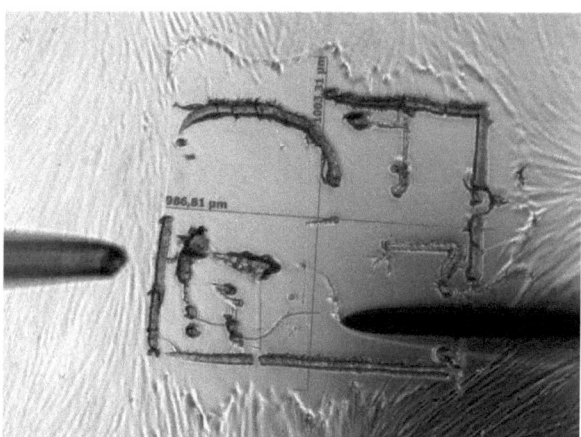

Abbildung 4.18 | Mikromanipulation. Beispiel für die Schaffung einer Freifläche auf einer mit Fischhautzellen (OMYsd1x P14) konfluent bewachsenen Zellkulturplastik durch Schneiden mit Hilfe einer ultrafeinen Glaskapillare (rechts im Bild) und anschließendem Absaugen mit einer kleinen Pipette (links im Bild).

4 Ergebnisse

Durch den Eingriff kam es zunächst zum Absterben einiger OMYsd1x – Zellen, sichtbar durch Ablösen und Abkugeln einiger Zellen an den Schnitträndern (Abb. 4.19a). Aus der explantierten Schuppe wuchsen jedoch bereits nach 4 h die ersten Zellen aus (Abb. 4.19a). Die Zellen proliferierten stark, sodass nach drei Tagen bereits eine beträchtliche Fläche von Schuppenzellen bedeckt war (Abb. 4.19b). Bei den OMYsd1x – Zellen konnte zunächst keine Proliferation festgestellt werden. Nach 11 Tagen wurde beobachtet, dass die Schuppenzellen in unmittelbarem Kontakt zu den OMYsd1x – Zellen standen (Abb. 4.19c).

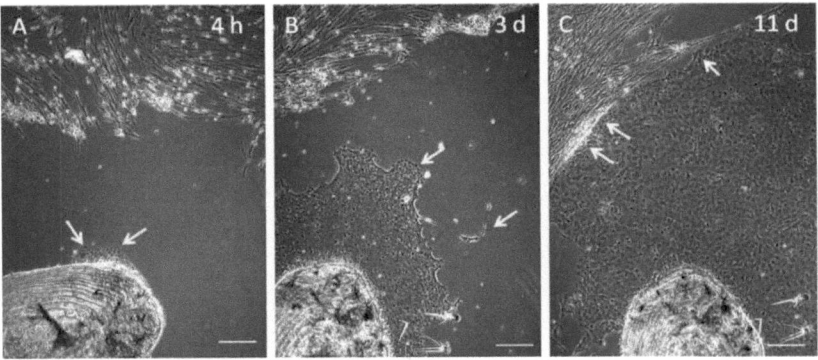

Abbildung 4.19 | Schuppenintegration I: OMYsd1x – Zellen der Passage 14 mit eingesetzter Schuppe. a) nach 4 h wachsen erste Zellen aus der Schuppe aus (Pfeile). b) nach drei Tagen (3 d) hat sich bereits ein großer Zellrasen rund um die Schuppe entwickelt, teils bilden die Zellen migratorische Ausläufer (Pfeile). Es ist noch kein Kontakt zwischen Schuppenzellen und OMYsd1x – Zellen (oberer Bildrand) sichtbar. c) nach 11 Tagen (11 d) haben Schuppenzellen und OMYsd1x – Zellen direkten Kontakt (Pfeile). Größenbalken entsprechen 200 μm.

Eine Aktin-Antikörperfärbung wurde durchgeführt um einerseits Zellmotilität zu zeigen und andererseits zu prüfen, ob Zellen, die aufeinandertreffen, verstärkt Aktinfasern ausbilden. Viele Proteine, die für Zell-Zell-Kontakte sorgen, sind an Aktin gebunden und können so indirekt nachgewiesen werden. Aktin, das intrazellulär mannigfaltige Strukturen mit verschiedensten Bindungsproteinen eingeht, somit

4 Ergebnisse

Hauptbestandteil des Zytoskeletts ist und deshalb das am häufigsten vorkommende Protein in eukaryotischen Zellen darstellt, ist an der Migration von Zellen beteiligt. So können Bewegungen der stabilen, eher eckigen Zellformen der epithel-ähnlichen Zellen von der spindelförmigen Gestalt der fibroblasten-ähnlichen Zellen unterschieden werden (Abb. 4.20). Es konnte gezeigt werden, dass beide Zelltypen verstärkt Aktinfasern ausbildeten, besonders in den Bereichen, an denen beide Zelltypen in unmittelbarer Nähe zueinander standen (Pfeile) als auch zwischen den epithel-ähnlichen Zellen (Abb. 4.20). Insbesondere die epithel-ähnlichen Zellen bildeten Lamellipodien aus (Abb. 4.20b).

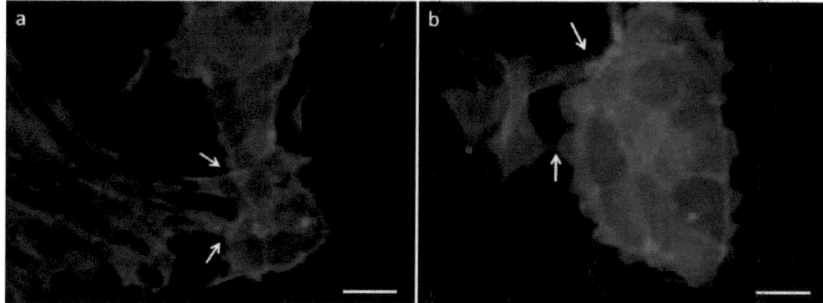

Abbildung 4.20 | Schuppenintegration II: Aktin-Färbung von OMYsd1x – Zellen der Passage 14 mit aus Schuppen ausgewachsenen Epithelzellen. a) Es bilden sich längere Ausläufer der OMYsd1x – Zellen, die bis an die Epithelzellen reichen (Pfeile). b) Stärkere Vergrößerung eines anderen Bereiches der Kontaktstellen (Pfeile) von OMYsd1x – Zellen und Schuppenzellen. Maßstabsbalken entsprechen 200 µm (a) und 50 µm (b).

4 Ergebnisse

4.4 Testung der Zytotoxizität von unterschiedlichen Kupfersulfat (CuSO4) - Konzentrationen an Fischzellen und Säugerzellen

Die Sensitivität von Fischzellen auf Kupfersulfat im Vergleich zu Säugerzellen (murine und humane Zellen) sollte ermittelt werden um zu evaluieren, inwieweit Fischzellen eine alternative Quelle für Zytotoxizitätstestsysteme darstellen. Dazu wurde die hier etablierte OMYsd1x – Langzeit-Zellkultur gewählt und mit drei weiteren Langzeit-Zellkulturen verglichen. Diese stammten aus humaner Vollhaut, benannt mit CEsd8b, sowie aus Rattenhaut, benannt mit RAsd85b, die beide ebenfalls in der Fraunhofer EMB etabliert wurden [Kruse et al., 2006b], und aus einem Mausembryo, welche als kommerziell erhältliche Zelllinie NIH-3T3 vorlag. Kupfersulfat-Pentahydrat ($CuSO_4 \cdot 5\ H_2O$, im Folgenden der Einfachheit halber nur $CuSO_4$ genannt) wurde in den Konzentrationen von 0,1 mg/ml, 0,2 mg/ml, 1 mg/ml und 2 mg/ml eingesetzt. Als Positivkontrolle dienten Zellen, die nur mit Standardkulturmedium versorgt wurden. Als Mediumkontrollen ohne Zellen wurden 20% FKS-DMEM (Fischzellen) beziehungsweise 10% FKS-DMEM (Säugerzellen) eingesetzt.

4.4.1 Echtzeitmessungen

Um eine Echtzeitmessung durchführen zu können, wurde für die ersten Tests das *xCELLigence® RTCA System* genutzt. 1×10^4 Zellen/0,31 cm² wurden eingesät und nach 72 h $CuSO_4$ in den entsprechenden Konzentrationen zugegeben.

Zunächst wurde bei den OMYsd1x – Zellen beobachtet, dass ähnlich den in 4.1.2 erzielten Ergebnissen bei etwa 4 h ein lokales Maximum des Zellindex von ca. 5,5 erreicht wurde (Pfeilspitze), wonach der Wert jedoch wieder auf etwa 4,0 abfiel (Abb. 4.21). Diese mit der Passage 24 ermittelten Werte lagen damit 2,5-mal so hoch wie die Werte der Passage 12 (vgl. 4.1.2). Die Kurvenverläufe

4 Ergebnisse

blieben jedoch ähnlich. Nach 56 h folgte ein erneuter Anstieg des Zellindex, der nach 72 h bei 5,0 lag. Durch Zugabe des $CuSO_4$ nach 72 h konnten je nach Konzentration sehr unterschiedliche Zellindizes gemessen werden. Bei einer hohen Konzentration von 2,0 mg/ml $CuSO_4$ wurde ein unmittelbarer Abfall auf unter 0,5 festgestellt. Dieser Wert änderte sich in der Folge auch nicht mehr und deutet daher auf ein Absterben der Zellen hin. Für 1,0 mg/ml $CuSO_4$ war die Situation ähnlich. Hier kam es zunächst zu einem kurzen Anstieg des Index, bevor nach 74 h der Index ebenfalls auf Werte unterhalb von 0,5 abfiel. Weniger stark war der Abfall bei 0,2 mg/ml $CuSO_4$, wo der Index nach kurzem Anstieg auf 5,7 kontinuierlich bis auf einen Wert von 1,0 am Ende des Versuches sank. Bei einer Konzentration von 0,1 mg/ml $CuSO_4$ konnte kein deutlicher Unterschied zur Positivkontrolle ohne $CuSO_4$ (20 % FKS-DMEM) gefunden werden. Nach einem kurzen Anstieg auf einen Wert von 5,2 fiel die Kurve auf 4,0 ab und stieg dann nach 102 h kontinuierlich auf einen Endwert von 5,9 (0,1 mg/ml $CuSO_4$). Die Positivkontrolle fiel auf 3,6 ab und stieg etwas stärker auf 6,5 am Ende an.

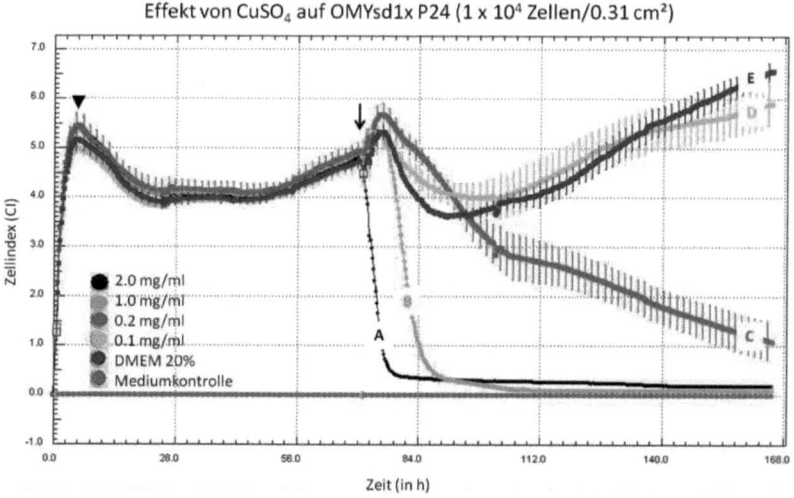

Abbildung 4.21 | Effekt von Kupfersulfat ($CuSO_4$) auf OMYsd1x – Zellen der Passage 24. Dargestellt ist der Plot der Mittelwerte dreier Replikate aller über das *xCELLigence RTCA System* aufgenommener Zellindizes. Die Markierungen

zeigen die Maxima nach Einsaat (Pfeilspitze links) und nach Zugabe des Toxins (Pfeil rechts) an. Besonders schnell war ein Zusammenbruch des CI für 1-2 mg/ml $CuSO_4$ zu beobachten, während der Index bei 0,2 mg/ml langsamer sank. Sowohl für 0,1 mg/ml $CuSO_4$ als auch für die Kontrolle wurden nach kurzem Abfall Anstiege des CI verzeichnet.

Der Vergleichstest mit den CEsd8b aus Passage 20 (Abb. 4.22) ergab ein ähnliches Resultat zu den vorher getesteten OMYsd1x – Zellen. Es wurden 1×10^4 Zellen/0,31 cm² eingesät und nach 72 h $CuSO_4$ in den beschriebenen Konzentrationen zugegeben. Das erste Maximum wurde nach 4 h erreicht, wobei der Wert des Zellindex bei maximal 5,75 lag. Die Kurven fielen danach deutlich auf Werte um 2,5 ab. Nachdem kein erneuter Anstieg erfolgte, wurde $CuSO_4$ in den beschriebenen Konzentrationen hinzugegeben, woraufhin ein direkter Rückgang auf 0,5 bei 2 mg/ml $CuSO_4$ erfolgte. Zeitlich versetzt fiel auch der Wert für 1,0 mg/ml $CuSO_4$ auf 0,3. Für 0,2 mg/ml $CuSO_4$ wurde ein kurzer Anstieg verzeichnet, danach sank die Kurve auf einen Index von 2,7 ab, stieg nach 85 h für ca 10 h wieder leicht an und fiel schließlich kontinuierlich bis auf einen Endwert von 0,7. Eine Konzentration von 0,1 mg/ml $CuSO_4$ im Medium hatte einen umgekehrten Effekt. Hier stieg der Zellindex nach Zugabe an und erreichte am Ende des Versuchs mit einem Zellindex von 4,0 einen sehr viel höheren Wert als die Positivkontrolle (10 % FKS-DMEM) mit 2,2.

4 Ergebnisse

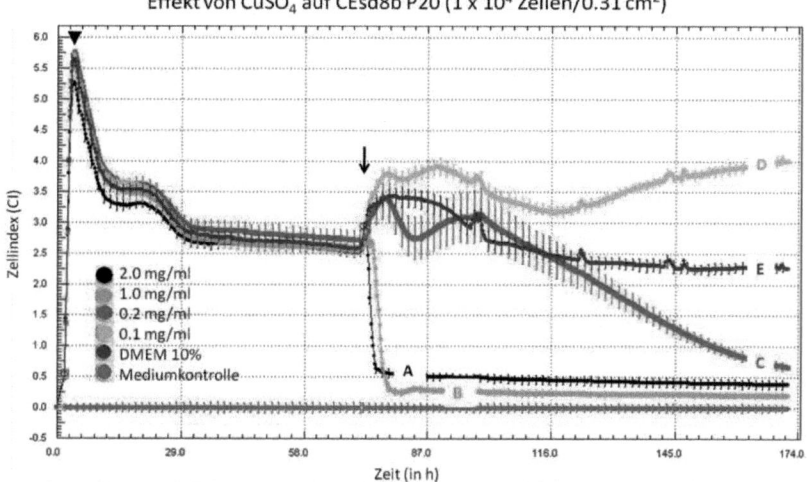

Abbildung 4.22 | Effekt von CuSO$_4$ auf CEsd8b – Zellen der Passage 20. Dargestellt ist der Plot der Mittelwerte dreier Replikate aller über das *xCELLigence RTCA System* aufgenommener Zellindizes. Die Maxima nach Einsaat und nach Zugabe des Toxins werden durch Pfeilspitze und Pfeil gezeigt. Für Konzentrationen von 1-2 mg/ml CuSO$_4$ fiel der CI nach Zugabe sofort auf ein Minimum. Bei einer Konzentration von 0,2 mg/ml wurde zunächst ein abwechselnd leichtes An- und Absteigen verzeichnet. Nach etwa 95 h sank der Index dann kontinuierlich ab. Für 0,1 mg/ml konnte am Ende ein sehr viel höherer Wert ermittelt werden als für die Positivkontrolle ohne CuSO$_4$.

Ein weiterer Test mit RAsd85b-Zellen der Passage 8 ergab im Vergleich zu OMYsd1x und CEsd8b ein anderes Gesamtbild (Abb. 4.23). Bei gleicher Zellzahl von 1×10^4 Zellen/0,31 cm² war das erste Maximum nach 4 h mit einem Zellindex von 3 erreicht. Die Kurven fielen danach leicht auf Werte um 2,5 ab. Es folgte ein starker Anstieg auf einen Zellindex von 4,5, bei dem nach 72 h CuSO$_4$ in den Konzentrationen von 2 - 0,1 mg/ml hinzugegeben wurde. Bei 2 mg/ml und 1 mg/ml CuSO$_4$ erfolgte ein direkter Abfall des Index auf 0. Nach kurzem Abfall des Zellindex bei 0,2 mg/ml und 0,1 mg/ml stieg er 30 h nach Zugabe des Toxins jeweils stärker an als der Index für Zellen ohne Toxin. Bei 0,2 mg/ml CuSO$_4$ wurde ein Index von 6,1 am Ende des Versuches gemessen, der Wert für 0,1 mg/ml CuSO$_4$ lag bei 5,3. Der Vergleichswert der Positivkontrolle (10 % FKS-DMEM) ohne Toxin erreichte am Ende 4,4 Punkte.

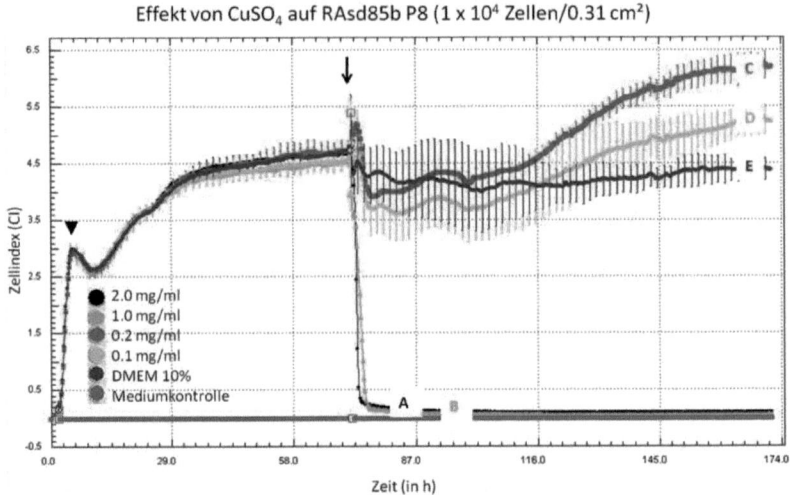

Abbildung 4.23 | Effekt von $CuSO_4$ auf RAsd85b – Zellen der Passage 8. Dargestellt ist der Plot der Mittelwerte dreier Replikate aller über das *xCELLigence RTCA System* aufgenommener Zellindizes. Die Maxima nach Einsaat und nach Zugabe des Toxins werden durch Pfeilspitze und Pfeil gezeigt. Für Konzentrationen von 1-2 mg/ml $CuSO_4$ fiel der CI nach Zugabe sofort auf Null. Bei einer Konzentration von 0,2 mg/ml wurde zunächst ein leichter Rückgang verzeichnet, danach stieg die Kurve kontinuierlich bis auf einen Wert von 6,1 an. Einen etwas schwächeren, jedoch sehr ähnlichen Kurvenverlauf hatte die Konzentration von 0,1 mg/ml. Für 0,1 mg/ml konnte am Ende ein höherer Wert (5,3) ermittelt werden als für die Positivkontrolle ohne $CuSO_4$, deren Kurvenverlauf ab 72 h um 4,4 pendelte.

NIH 3T3 - Zellen der Maus, Passage 43, wurden aufgrund der hohen Proliferationskapazität der Zellen nur mit 7,5 x 10³ Zellen/0,31 cm² eingesät (Abb. 4.24). Zunächst wurden nur sehr geringe Zellindizes gemessen, die nach 4 h bei etwa 0,5 lagen. Die Indizes stiegen jedoch sehr schnell an, sodass bei Zugabe von $CuSO_4$ nach 72 h bereits Werte von 2,6 – 3,4 erreicht waren. Bei 1 mg/ml, 0,2 und 0,1 mg/ml $CuSO_4$ erfolgte ein gestaffelter Abfall des Index auf 0. Bei 1mg/ml $CuSO_4$ fand ein direkter Abfall

4 Ergebnisse

statt, zeitlich verzögert passierte dies bei 0,2 mg/ml ebenfalls. Für 0,1 mg/ml $CuSO_4$ wurde zunächst ein kurzer Anstieg beobachtet und etwa 14 h nach Zugabe des Toxins ein starker Abfall der Kurve. Bei 2 mg/ml $CuSO_4$ im Medium wurde ein direkter Abfall beobachtet, allerdings war dieser nur gering und die Kurve sank danach kontinuierlich auf 1,5 ab. Der Vergleichswert der Kontrolle (DMEM 10 %) ohne Toxin stieg auf einen CI von 6 mit einem kleinen Einbruch zum Ende der Messungen, der vermutlich auf die Konfluenz des Wells zurückzuführen ist.

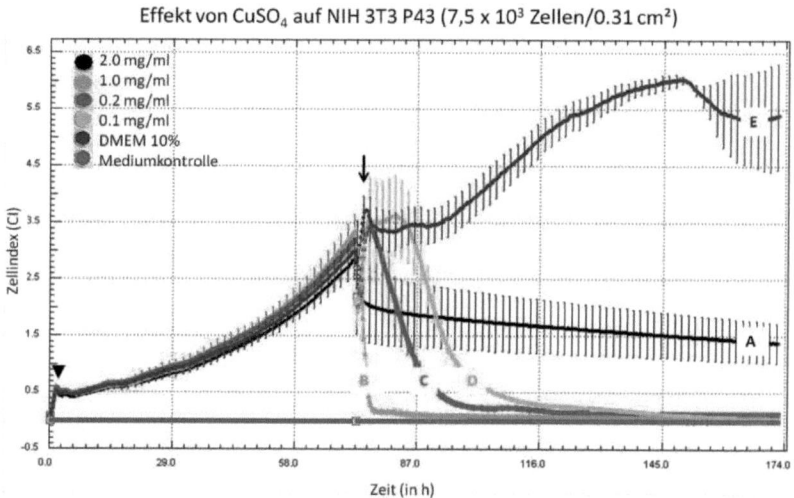

Abbildung 4.24 | Effekt von $CuSO_4$ auf NIH 3T3 – Zellen der Passage 43. Dargestellt ist der Plot der Mittelwerte dreier Replikate aller über das *xCELLigence RTCA System* aufgenommener Zellindizes. Die Maxima nach Einsaat und nach Zugabe des Toxins werden durch Pfeilspitze und Pfeil gezeigt. Bei der höchsten Konzentration an Kupfersulfat konnte ein direkter Abfall auf einen CI von 1,7 beobachtet werden, der dann langsam weiter bis auf 1,5 sank. Geringere Konzentrationen fielen allesamt auf einen CI von 0 ab, allerdings zeitlich versetzt und in Abhängigkeit zur eingesetzten $CuSO_4$ Konzentration. Die Positivkontrolle ohne Kupfersulfat stieg bis auf einen CI von 6 an und fiel nach etwa 150 Stunden vermutlich aufgrund der Konfluenz des Wells auf 5,5 ab.

4 Ergebnisse

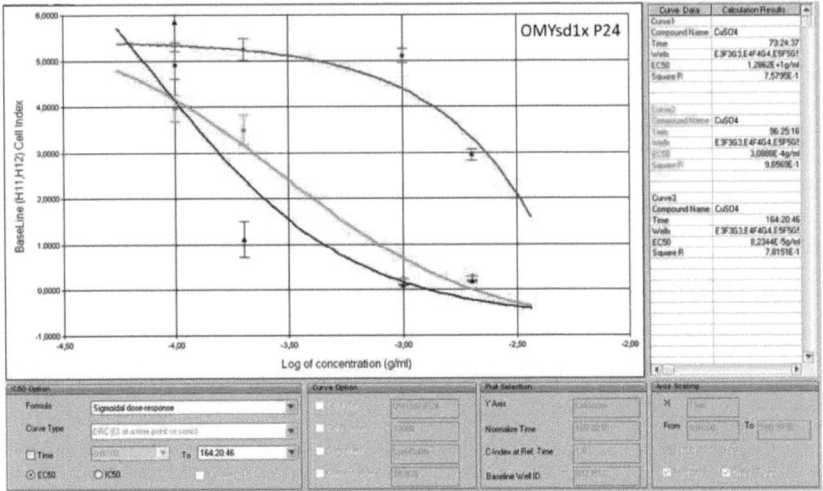

Abbildung 4.25 | Dosis-Wirkungskurven und EC_{50} - Werte nach Zugabe von $CuSO_4$ zu OMYsd1x – Zellen der Passage 24. Die Bestimmungen der Dosis-Wirkungskurven anhand der Messungen der Impedanz der Fischhautzellen erfolgten zu verschiedenen Zeitpunkten mit Hilfe des *xCELLigence RTCA* und wurden als Logarithmus der Konzentrationen in g/ml gegen die Basislinie des Zellindex aufgetragen. EC_{50} – Werte sowie die R^2-Werte wurden vom Programm errechnet. EC_{50} – Werte 1 h (rot), 24 h (grün) und 92 h (blau) nach Zugabe des $CuSO_4$.

Die Berechnung der Dosis-Wirkungskurven und des EC_{50} – Wertes für die OMYsd1x – Zellen der Passage 24, gemessen 1 h, 24 h und 92 h nach Zugabe des Toxins, ergab Werte für den $EC_{50\ (CuSO4)}$ von etwa $1{,}3 \times 10^{1}$ g/ml $CuSO_4$ nach 1 h, $3{,}1 \times 10^{-4}$ g/ml $CuSO_4$ nach 24 h und $8{,}2 \times 10^{-5}$ g/ml $CuSO_4$ nach 92 h. Die R^2-Werte lagen zwischen 0,75 und 0,96, weshalb stets ein unmittelbar linearer Zusammenhang bestand. Deutlich wurde vor allem ein Unterschied im Verlauf der Dosis-Wirkungskurven zu den verschiedenen Zeitpunkten. Nach 1 h verlief die Kurve steil abfallend, nach 24 h nahezu linear und nach 92 h flach abfallend (Abb. 4.25). Das bedeutet, dass bei einer akuten Toxizität innerhalb von 24 h ein deutlicher Effekt zu beobachten ist, der sich bei längerer Exposition zunehmend abschwächt.

4 Ergebnisse

Der Vergleich der Dosis-Wirkungskurven aller verwendeten Zelllinien und Zellkulturen zeigte deutliche Unterschiede der EC_{50}-Werte zwischen den Zellkulturen (Abb. 4.26). Dabei lag der R^2-Wert nur nach 1 h bei allen Kulturen über 0,8, sodass zu diesem Zeitpunkt von einem linearen Zusammenhang der Varianz ausgegangen werden konnte. Allerdings hatten die Fischzellen nach 1 h einen um den Faktor 1000 höheren Wert. Die größte Ähnlichkeit nach 1 h wiesen die beiden murinen Zellkulturen auf, mit EC_{50} - Werten von $3,2 \times 10^{-3}$ g/ml $CuSO_4$ bei RAsd85b und $2,0 \times 10^{-3}$ g/ml $CuSO_4$ bei NIH 3T3. Nach 24 h war keine Ähnlichkeit der EC_{50} - Werte von NIH 3T3 mit den anderen Zellkulturen mehr gegeben. Zu diesem Zeitpunkt und nach 92 h zeigten die humanen Zellen CEsd8b und die Fischzellen OMYsd1x ähnliche Kurvenverläufe und jeweils eine starke Korrelation mit R^2-Werten von 0,7 – 0,8. Die EC_{50}-Werte für die OMYsd1x – Zellen lagen mit $8,2 \times 10^{-5}$ g/ml $CuSO_4$ etwas höher als für die CEsd8b –Zellen mit $7,1 \times 10^{-5}$ g/ml $CuSO_4$, entsprechend war die Kurve etwas steiler abfallend. Der EC_{50}-Wert für die RAsd85b – Zellen lag wiederum niedriger bei $6,2 \times 10^{-5}$ g/ml $CuSO_4$. Die Kurve für die NIH 3T3 – Zellen zeigte einen anderen Verlauf und wies mit $6,9 \times 10^{4}$ g/ml $CuSO_4$ einen extrem hohen EC_{50} - Wert auf (Abb.4.26).

4 Ergebnisse

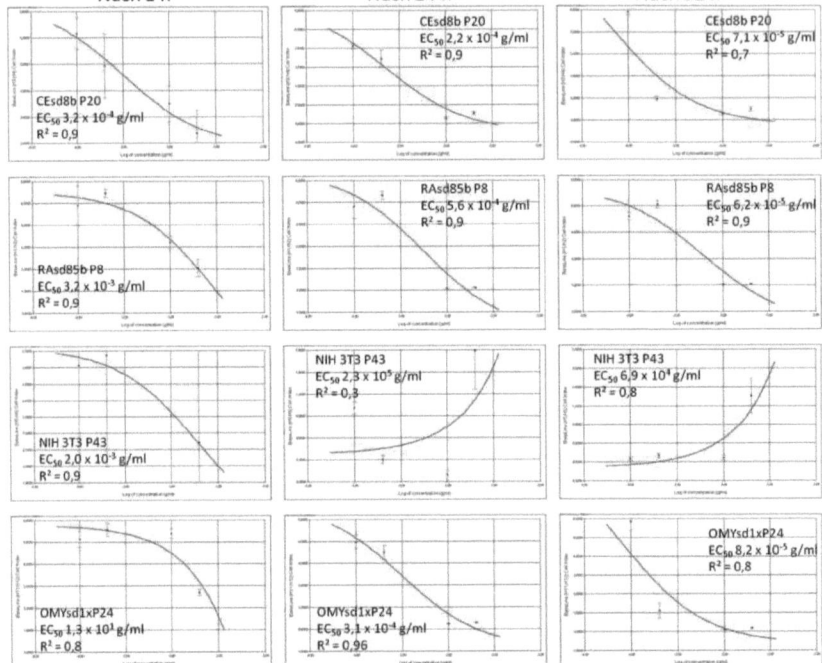

Abbildung 4.26 | Dosis-Wirkungskurven und EC_{50} - Werte der getesteten Zellkulturen zu verschiedenen Zeitpunkten. Aufgetragen ist der Logarithmus der Konzentrationen in g/ml gegen die Basislinie des Zellindex. Die Bestimmungen zur Dosis-Wirkungskurve mit den Zelllinien CEsd8b der Passage 20, RAsd85b der Passage 8, NIH-3T3 der Passage 43 und OMYsd1x der Passage 24 ergaben unterschiedliche EC_{50} – Werte nach 1 h, 24 h und 92 h. Nach 1 h zeigten alle Zellkulturen noch sehr unterschiedliche EC_{50} - Werte mit der größten Ähnlichkeit von RAsd85b und NIH 3T3, dort lag die halbe inhibierende Konzentration bei $3,2 \times 10^{-3}$ g/ml beziehungsweise bei $2,0 \times 10^{-3}$ g/ml. Zu späteren Zeitpunkten wurden die größten Ähnlichkeiten zwischen den humanen Zellen und den Fischzellen gefunden. Hier zeigte die Referenz-Zelllinie NIH 3T3 starke Abweichungen.

4 Ergebnisse

4.4.2 Zeitraffer-Mikroskopie

Nach den Ergebnissen der xCELLigence® - Versuche sollte geprüft werden, was mit den Zellen im Hinblick auf ihre Morphologie und ihr Verhalten nach Zugabe von Kupfersulfat passiert. Dazu wurde für die Zeitraffer-Aufnahmen die Konzentration von 0,2 mg/ml $CuSO_4$ ausgewählt und diese OMYsd1x – Zellen der Passage 32 in konfluentem Zustand zugesetzt. Die Kulturschale wurde unter kontrollierten Bedingungen (20°C, 1,9% CO_2) über einen Zeitraum von zwei Tagen mit einem Zeitraffermikroskop beobachtet. In den ersten Stunden nach der Zugabe konnte kein auffälliger Effekt seitens der Zellmorphologie oder des Zellverhaltens gefunden werden. Nach 8 h schrumpften vermehrt die ersten Zellen, kugelten sich ab oder lösten sich vollständig vom Schalenboden. In den folgenden Stunden nahm die Zahl der zusammengezogenen oder abgekugelten Zellen zu, bis nach 20 h geschätzte 95 % der Zellen zusammengeschrumpft waren (Abb. 4.27). Nach dieser Zeit verharrten die Zellen im geschrumpften oder abgekugelten Zustand oder wurden vom Mediumstrom weggespült (siehe Film 3 im Anhang).

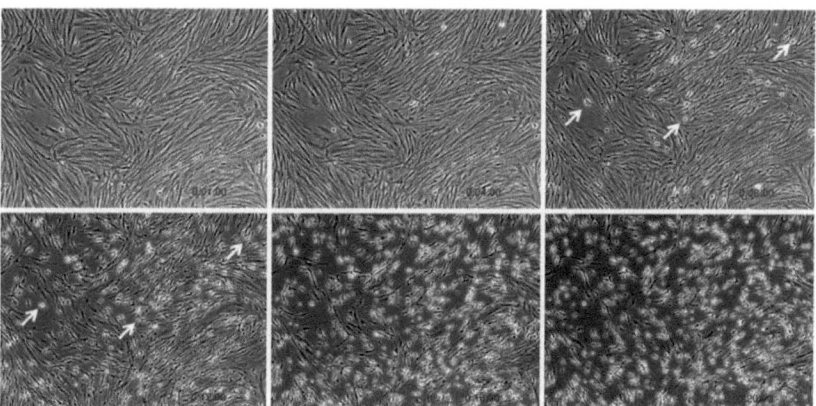

Abbildung 4.27 | Zeitraffer-Aufnahmen von OMYsd1x –Zellen der Passage 32 nach Zugabe von 0,2 mg / ml Kupfersulfat. Nach 1 – 4 h sind rein morphologisch keine Veränderungen der Zellen zu sehen. Ein dichter Zellrasen

bedeckt die Kulturschale. Nach 8 h kugeln sich erste Zellen ab (Pfeile) und lösen sich nach weiteren 4 h vom Schalenboden. Nach 20 h haben sich schätzungsweise 95 % der Zellen abgekugelt oder zusammengezogen.

5 Diskussion

5.1 Etablierung von primären und Langzeit - Zellkulturen aus Fischzellen

Im Rahmen dieser Arbeit ist es gelungen, aus der Haut der Regenbogenforelle zwei verschiedene Zellpopulationen zu isolieren und *in vitro* zu vermehren. Es wurde ein Protokoll etabliert, mit dem hochproliferative Zellpopulationen aus der Fischhaut isoliert werden konnten, die sich durch eine hohe Expression an Zytokeratin 18 und eine kontinuierliche, jedoch variable Expression an Kollagen Typ 1 auszeichneten. Zusätzlich konnten Primärkulturen aus Schuppenauswüchsen generiert werden, die Eigenschaften von epithelialen Zellen aufwiesen. Die beiden Zellpopulationen konnten *in vitro* wieder zusammengeführt werden und durch die Ko-Kultivierung zeigte sich eine erhöhte Vitalität der Primärkultur. Damit konnte ein erster Ansatz für die Konstruktion eines dreidimensionalen Fischhautmodells geschaffen werden.

Neben den beiden Zellpopulationen aus der Haut konnten weitere Zellkulturen aus verschiedenen anderen Geweben wie dem Gehirn, dem Pylorus oder dem Pankreas von Fischen isoliert und als Langzeit-Zellkulturen etabliert werden. Aus einigen Organen, wie der oben beschriebenen Haut der Regenbogenforelle oder dem Pankreas des Atlantischen Störs, konnten Zellen gewonnen werden, die für Perioden von teilweise mehr als drei Jahren in Kultur gehalten wurden, ohne dass die Proliferationsfähigkeit abnahm. Durch das etablierte und standardisierte Protokoll konnten beispielsweise für die Haut-abgeleiteten Zellen der Regenbogenforelle Passagenzahlen größer 80 erreicht werden. Ein Großteil dieser Zellen wurde in der Deutschen Zellbank für Wildtiere „Alfred-Brehm" hinterlegt [Lermen et al., 2009]. Fischzellen werden für verschiedenste Anwendungen verwendet, dazu zählen toxikologische Analysen, die Untersuchung auf Virus-Anfälligkeit, Karzinogenese und Genexpressionsstudien sowie Untersuchungen zur DNA Replikation und Reparatur

5 Diskussion

[Burkhardt-Holm, 2001, Castaño et al., 2003, Bols et al., 2005, Fent, 2007]. Fischzellkulturen sind aufgrund des steigenden kommerziellen Interesses an Aquakulturen sowie der marinen und Süßwasser-Umwelttoxikologie populär geworden [Lee et al., 2009]. Wie einleitend erwähnt (siehe 2.6.2) sind jedoch nur sehr wenige Zellkulturen und -linien aus Fischen frei verfügbar. Seit dem Jahr 1994, in dem Fryer und Lannan das erste Review zu Fischzelllinien veröffentlichten, wurden 124 neue Fischzelllinien verschiedenster Arten etabliert, während es beispielsweise für die Wanderratte mehr als 300 Zelllinien gibt (ATCC). Aus der Regenbogenforelle sind zwei Linien aus der Leber, zwei Linien aus den Gonaden und eine Linie aus den Kiemen verfügbar (vgl. mit [Wolf and Quimby, 1962, Bols et al., 1994, Fryer and Lannan, 1994]). Neben diesen Zelllinien wurden weitere, nicht-abgelegte Zelllinien aus der Regenbogenforelle beschrieben. Hierzu gehören z.B. RTS-34st aus der Milz [Ganassin and Bols, 1999], RTL-W1 aus der Leber [Lee et al., 1993] oder RTP-2 aus der Hypophyse [Bols et al., 1995]. Weitere Gewebe wurden von Lakra et al. (2010) genannt, darunter Embryo, Kieme, Leber, Pronephros, Milz, und Haut. Die erste Primärkultur aus epidermalen Hautzellen der Regenbogenforelle wurde von Lamche et al. (1998) beschrieben. Ossum et al. (2004) berichteten erstmalig von Langzeitkulturen aus fibroblasten-ähnlichen Zellen, die sie aus der Hypodermis isoliert hatten. Mit der Etablierung von Vollhautzellen wird in dieser Arbeit folglich eine Lücke geschlossen.

In der Fischhaut existieren Zelltypen verschiedenen Ursprungs. Es gibt sowohl mesenchymale Zelltypen wie Fibroblasten, Osteoblasten, endotheliale Zellen sowie Blut- und Nervenzellen mesodermalen Ursprungs, als auch Zellen ektodermaler Herkunft wie epitheliale Zellen und Becherzellen (*mucus goblet cells*) [Whitear, 1986]. Wenn ein solch komplexes Gewebe durch Explantate in die Kultur eingebracht wird, ist es möglich, eine heterogene Zellpopulation von verschiedenen Zelltypen zu erhalten [Bols et al., 2005]. Durch die Kulturbedingungen kann aber auch ein einzelner Zelltyp, zum Beispiel Fibroblasten, besonders zur Proliferation angeregt werden, zum Nachteil anderer Zellformen, beispielsweise epithelialen Zellen [Mauger et al., 2009]. Eine weitere Möglichkeit ist, dass eine Population von Zellen, sei sie zunächst heterogen oder homogen, durch die *in vitro* Bedingungen in der Zellkultur beeinflusst wird. Dabei könnten Prozesse wie Dedifferenzierung, Redifferenzierung oder Transdifferenzierung eine wichtige Rolle spielen.

Obwohl die Physiologie und die Bestandteile im Blutplasma der Fische denen der Säugetiere sehr ähneln, können die Bedingungen, in denen Säugerzellen kultiviert werden, nicht gleichermaßen für Fischzellen übernommen werden [Lakra et al., 2010]. Ein wichtiger Unterschied sind die andersartigen Temperaturbedingungen für Fischzellen, da Fische als poikilotherme (wechselwarme) Tiere eine geringere Körpertemperatur aufweisen als homöotherme (gleichwarme) Säugetiere. Eine Besonderheit ist, dass Fische sich über Kompensation an ein neues Temperaturniveau anpassen können [Heldmaier and Neuweiler, 2004]. Zunächst passt sich der Energieumsatz der veränderten Temperatur an. Bei einer Erniedrigung der Temperatur sinkt der Umsatz (akute Reaktion), steigt jedoch innerhalb von Tagen oder Wochen wieder auf das ursprüngliche Niveau an (Akklimatisation). Diese Anpassung ist relevant für Fische aus polaren Gewässern, die im Vergleich zu tropischen Fischen trotz niedriger Wassertemperaturen ähnlich hohe Energieumsätze aufweisen [Heldmaier and Neuweiler, 2004]. Die homoioviskose Anpassung der Zellmembranen durch den Einbau von Fettsäuren ist eine wichtige Voraussetzung für diese sogenannte genetische Kompensation. Gleichermaßen können die Fischzellen *in vitro* einen deutlich weiter gefassten Temperaturbereich tolerieren [Lakra et al., 2010]. Auch Tsugawa und Lagerspetz (1990) beschreiben für Goldfischzellen *in vitro* eine homoioviskose Anpassungsfähigkeit. Dennoch gibt es für jede Fischzellkultur ein Temperaturoptimum mit bestmöglichem Wachstum der Zellen. Die ideale Kultivierungstemperatur für Zellen der Regenbogenforelle allgemein wurde bereits in früheren Studien mit 18-22 °C angegeben [Bols et al., 1992], wobei das optimale Wachstum von Hautzellen der Regenbogenforelle bei 20-21 °C liegt [Ossum et al., 2004]. In dieser Arbeit wurde für die isolierten Hautzellen eine Temperatur von 20 °C ebenfalls als bessere Kultivierungstemperatur im Vergleich zu 16 °C ermittelt. Dies deckt sich mit dem thermischen Optimum der Regenbogenforellen, das ebenfalls bei 20 °C liegt. Regenbogenforellen sind stenotherme Fische, haben also einen geringen Toleranzbereich. Insbesondere sind sie empfindlich gegenüber zu hohen Temperaturen.

Neben der Temperatur ist das Wachstum der Zellen in der Kultur stark abhängig von diversen Faktoren wie Nährstoffverfügbarkeit, Aussaatdichte oder Adhäsionsfähigkeit [Lamche et al., 1998]. Weniger wichtig für die Etablierung einer Fischzellkultur scheinen eine den physiologischen Bedingungen angepasste Osmolarität und die Art des Puffersystems für einen stabilen pH-Wert zu sein [Fernandez et al., 1993]. Somit unterscheiden sich Zellkulturen der Salzwasserfische nicht wesentlich von denen der Süß- und Brackwasserfische.

In dieser Arbeit konnte gezeigt werden, dass im Vergleich zu den Säugerzellkulturen die CO_2 Konzentration der Fischzellkulturen auf 1.9 % angepasst werden musste. Die gewählte Konzentration von 1.9 % CO_2 simulierte die Bedingungen der Zellen *in vivo*. Hier liegt der physiologische pCO_2 Wert bei 10 mmHg oder weniger im Vergleich zu 30-40 mmHg bei Säugern [Lamche et al., 1998, Graham, 2006]. Wie oben bereits erwähnt, ist die Art des Puffersystems nicht entscheidend, weshalb HEPES-gepuffertes DMEM eingesetzt wurde. Die niedrigere CO_2-Konzentration hat in Form des Hydrogencarbonats aus der chemischen Bindung von CO_2 einen direkten Einfluss auf die Stabilität des pH-Wertes im DMEM-Zellkulturmedium. Fischzellen setzen durch die geringere CO_2-Konzentration weniger H+-Ionen frei, wodurch das Medium langsamer angesäuert wird. Eine Konzentration von 5 % CO_2 hätte zu einer zu schnellen Versauerung des Mediums geführt.

Aufgrund der hier beschriebenen Optimierungsarbeit ist es im Rahmen dieser Arbeit gelungen, proliferative Fischzellkulturen zu etablieren. Diese wiesen eine höhere Verdopplungszeit auf, als es für

5 Diskussion

Säugerzellen bekannt ist. Sie konnten aber bei einer Subkultivierung mit einem Faktor von 2-3 verdünnt werden. Fischzellen können daher mit vergleichsweise wenig Aufwand über einen längeren Zeitraum in einer Kulturflasche belassen werden, für die weiteren Versuchsplanungen mussten die geringeren metabolischen Aktivitäten jedoch berücksichtigt werden. Die Ergebnisse zeigten allerdings auch, dass bereits von einer Passage zur nächsten erhebliche Unterschiede im Wachstumsverhalten zu sehen waren. Je geringer die Temperatur, desto weniger waren die Unterschiede zwischen den Passagen zu erkennen.

5.1.1 Charakterisierung der Schuppen-abgeleiteten Zellen

In dieser Arbeit wurden zwei unterschiedliche Explantate aus der Haut der Regenbogenforelle eingesetzt. Einerseits Vollhautgewebe, das sowohl die Epidermis als auch die Dermis umfasste, und andererseits isolierte Schuppen, die von der Haut abgeschabt wurden. Die Primärkulturen aus Schuppenexplantaten hatten den Vorteil, dass sie als frühe Stadien der *in vitro* Kultur noch stark dem Herkunftsgewebe glichen. Daher wäre es denkbar, diese Zellen als nützliches *in vitro*-Modell zur Simulation der *in vivo* Gegebenheiten zu verwenden. Allerdings werden sie aufgrund ihrer starken Heterogenität in der Zellkultur für spezifische Anwendungen als ungeeignet angesehen [Bols et al., 1994]. Auch die Reproduzierbarkeit ist bei Primärkulturen durch die Unterschiede während der Initiierung häufig unzureichend [Bols et al., 1994]. In den hier durchgeführten Studien wurde allerdings hinsichtlich Reproduzierbarkeit anderes beobachtet. So konnte in der Schuppenexplantatkultur stets eine schnelle Migration und Proliferation der epithel-ähnlichen Zellen beobachtet werden. Bereits nach etwa drei Tagen war die Fläche der adhärenten Zellen dreimal so groß wie die ursprüngliche Fläche (Abb. 7.1, Anhang). Da in den Schuppenexplanten ausschließlich CK18-positive und keine Kollagen Typ 1–positiven Zellen gefunden wurden, kann angenommen werden, dass aus den

5 Diskussion

Schuppen einzig epitheliale Zellen migrierten. Nur wenig später lösten sich diese Zellen von der Kulturplastik ab, was darauf hindeutet, dass apoptotische Vorgänge stattgefunden haben. Ultrastrukturelle Untersuchungen zeigten, dass die aus den Schuppen migrierenden und proliferierenden Zellen strukturelle Eigenschaften von oberflächlichen Epithelzellen, wie z.B. kleine Kanälchen, die *microridges*, aufwiesen. Diese aktin-reichen Strukturen verteilen den von den Becherzellen produzierten Fisch-Mukus über die Oberfläche der Epithelzellen [Webb et al., 2008]. Die kleinen Kanälchen sind zudem ein Charakteristikum für die Polarität, also die spezifische Ausrichtung epidermaler Zellen [Lamche et al., 1998]. In der Fischhaut werden solche Zellen aufgrund von Abrieb kontinuierlich ersetzt, weshalb die Lebensdauer dieser Zellen *in vivo* meist nur wenige Tage beträgt [Whitear, 1986]. Nach der ersten Subkultivierungen *in vitro* konnten Zellen gefunden werden, die zuerst noch adhärierten, aber nach kurzer Zeit statisch wurden oder sich wieder ablösten. Ähnliche Eigenschaften wiesen die terminal differenzierten Becherzellen auf. Sie waren mit muкösem Schleim gefüllt und konnten mittels PAS-Färbung in der Kultur nachgewiesen werden. In der Primärkultur (P0) noch deutlich sichtbar als runde, prominent gelegene Zellen, wurden sie nach der Subkultivierung nicht mehr gefunden. Interessant ist, dass trotz des FKS-haltigen Kulturmediums die Proliferation der Epithelzellen beschränkt blieb. Diese Ergebnisse bestärken die Annahme, dass die terminal differenzierten Epithelzellen in der Kultur ohne Zugabe von speziellen Wachstumsfaktoren wie EGF oder anderen, proliferationsfördernden Substanzen nicht über einen längeren Zeitraum überleben können. Eventuell hat auch der Initiierungsvorgang der Apoptose einer einzelnen Zelle unmittelbare Effekte auf die benachbarten Zellen. In den Zeitraffer-Aufnahmen war zu erkennen, dass sich zunächst einzelne Zellen aus dem Verband heraus lösten, wobei die Löcher durch Proliferation und Migration von benachbarten Zellen wieder gefüllt wurden. Danach lösten sich jedoch genau in diesem Bereich ähnlich einem Domino-Effekt immer mehr Zellen ab. Verbliebene Zellen waren nicht mehr in der Lage, die freigewordenen Flächen durch Zellteilung zu besetzen. Solche Effekte wurden auch für epitheliale

5 Diskussion

Säugerzellen beobachtet [Gordon et al., 2000]. Eine weitere Möglichkeit, die dazu beigetragen haben könnte, dass diese Zellen nicht länger kultivierbar waren, ist der Verlust der Polarität. In humanen epidermalen Keratinozyten führt ein solcher Polaritätsverlust, hervorgerufen durch einen Defekt des Kindlin-1 Gens, zur Reduktion der Proliferation bis hin zur Apoptose [Herz et al., 2006]. Kindlin-1 ist in humanen epidermalen Keratinozyten an der dermalen-epidermalen Grenze lokalisiert, wo es in fokalen Adhäsionen mit Integrin ß1 und Integrin ß3 interagiert und ein wichtiges Protein für die Verbindung von Aktin mit der Extrazellulären Matrix (EZM) darstellt [Herz et al., 2006]. In den immunzytochemischen Untersuchungen (Abb. 4.11) zeigte sich, dass Kollagen Typ 1, ein Protein der EZM, *in vivo* deutlich erkennbar entlang der Schuppen angefärbt wurde, an den Schuppenrändern *in vitro* hingegen nicht. Dies könnte darauf hinweisen, dass epitheliale Zellen, möglicherweise durch den Verlust des Kontaktes mit der EZM, Kindlin-1 nicht mehr exprimieren und dadurch ihre Orientierung verlieren [Lamche et al., 1998]. Darüber hinaus nimmt ihre Proliferationsaktivität ab. Ohne die EZM haben die aus den Schuppen migrierenden Epithelzellen folglich eine nur sehr begrenzte Lebensdauer. Bereits Li et al. (2005) zeigten für humane epitheliale Hornhautstammzellen aus dem Auge, dass eine Beschichtung der Zellkulturschale mit verwandtem Kollagen Typ IV die Isolation und Anreicherung dieser Zellen begünstigt hat. Auch Petschnik et al. (2011) konnten mit Hilfe von Kollagen Typ IV beschichteten Schalen Nestin-positive Zellen aus humanen Schweißdrüsen isolieren und etablieren. Für die epithelialen Schuppenzellen der Fische wäre deshalb eventuell eine Beschichtung der Kultivierungsfläche mit Kollagen Typ 1 förderlich.

5.1.2 Charakterisierung der Vollhaut-abgeleiteten Zellen

Neben den Schuppen-Explantaten konnte aus Fischvollhautexplantaten eine Langzeit-Zellkultur gewonnen werden. Ebenfalls getestete Isolierungsversuche durch enzymatischen Verdau des

5 Diskussion

Gewebes mit Kollagenase oder Trypsin erwiesen sich als weit weniger effektiv als die Explantat-Methodik. Bei diesen Ansätzen wuchsen wesentlich weniger Zellen an und es konnten keine Zellkulturen etabliert werden. Ein möglicher Grund sind die Enzyme selbst. Kollagenase trennt die Basallamina von dem extrazellulären Netzwerk, das aus Kollagen I und III sowie Fibronektin besteht [Lodish et al., 2001] und somit Epithel von Mesenchym. Dies könnte sich nachteilig auf die Etablierung ausgewirkt haben, da epidermale Epithelzellen zwar zunächst gut adhärieren [Lamche et al., 1998], jedoch auch hier möglicherweise ein Polaritätsverlust aufgrund der fehlenden EZM auftrat. Parallel können die mesenchymalen Zellen schlechter adhärieren und waren deshalb eventuell nicht in ausreichender Zahl für eine Startpopulation vorhanden. Trypsin hingegen wird als Verdauungsenzym von den Azinuszellen des Pankreas´ synthetisiert und dient *in vivo* der Zerkleinerung der Peptide im Dünndarm. *In vitro* wird Trypsin unter anderem eingesetzt, um Zellen zu vereinzeln. Eine übermäßig lange Inkubation mit Trypsin kann dazu führen, dass durch enzymatischen Verdau von Membranproteinen die Zellen selbst geschädigt werden. Eine Reduktion der aggressiven Trypsinbehandlung der Zellen könnte vermutlich dazu beitragen, das Überleben der Zellen nach der Subkultivierung zu erhöhen. Der Verdau zur Isolierung der Zellen aus dem Gewebe musste einerseits mindestens zwei Minuten durchgeführt werden, um aus dem Gewebe überhaupt Zellen lösen zu können. Dies könnte andererseits zumindest teilweise zur Zerstörung von Oberflächenproteinen der Zellen geführt haben.

In der Kultur wurden zunächst sowohl Zellen mesodermalen als auch ektodermalen Ursprungs vermutet. Das Ziel war, unter diesen isolierten Fischzellen die Zellen mit Stammzelleigenschaften zu finden. Sie sollten nicht nur hochproliferativ sein, sondern möglichst eine Multipotenz aufweisen und in verschiedene Zelltypen differenzieren können. Dazu wurde mittels Explantation von Vollhaut versucht, möglichst viele Zellen in Kultur zu bringen. Die Zellkultur der Vollhaut-abgeleiteten Regenbogenforellenzellen wuchs zwar zunächst langsam, aber schließlich kontinuierlich über einen langen Zeitraum. Auf diese Weise konnten die Zellen expandiert, eingefroren und ohne dramatische Verluste aufgetaut werden [Rakers et al., 2011].

Der Explantatansatz wurde optimiert, indem einerseits mindestens eine Woche nach dem ersten Auswachsen von Zellen mit der ersten Subkultivierung gewartet wurde, und andererseits die Explantate beim Trypsinieren zunächst mit in die neue Flasche genommen wurden. Dadurch konnte ein verbessertes Anwachsen der Zellen erreicht werden. Da nach einigen Passagen die Zellkulturen eine stark fibroblasten-ähnliche Morphologie zeigten (Abb. 4.4), kann vermutet werden, dass die fibroblasten-ähnlichen Zellen entweder die epithelialen Zellen überwuchsen oder die Epithelzellen, wie bei den Pimärkulturen der Schuppen beobachtet, schon nach den ersten Subkultivierungen aufhörten sich zu teilen. Das starke Wachstum der fibroblasten-ähnlichen Zellen führte sogar zur Bildung von organoid-ähnlichen Körpern, den OBs, wenn die Kulturen nach Erreichen der Konfluenz nicht subkultiviert wurden (siehe 4.3). Auf der anderen Seite wurde das Wachstum durch eine zu geringe Aussaatdichte stark verzögert. Es kam zur beobachteten Inselbildung bis hin zu statischen Zellkulturen. Daher war besonders die Initiierungsphase der Langzeit-Zellkultur äußerst schwierig und die Wahl des richtigen Zeitpunkts der Subkultivierung wichtig. Die Wahl des Mediums spielte eine ebenso wichtige Rolle. Die Zellen zeigten zwar sowohl mit DMEM als auch mit WME ein gutes Wachstum, allerdings veranschaulichte der Vergleich der Medien per Impedanzmessung, dass spezielle Medien wie EpiLife nicht förderlich waren. Sowohl die Kurven für dieses Medium als auch die Kurve von WME mit nur 5 % FKS zeigten einen wellenförmigen Verlauf, der als eine Inhibition der Mitoseaktivität der Zellen interpretiert werden kann. So wird EpiLife, ein serum-freies Medium, speziell für primäre Keratinozyten hergestellt und verhindert die Mitose von Fibroblasten [Bayar et al., 2011]. Zunächst wurden folglich die fibroblasten-ähnlichen Zellen am Wachstum gehindert. Die langsam wachsenden epithel-ähnlichen

5 Diskussion

Zellen erhöhten dann erst nach einigen Tagen den Zellindex. Bei Zugabe von 5% FKS trat ein ähnlicher anti-mitotischer Effekt ein, wobei vermutlich generell zu wenige Zellen durch die Wachstumsfaktoren stimuliert wurden. Eine Zugabe von 20 % FKS zeigte unabhängig vom Basalmedium die höchsten Impedanzanstiege. Jedoch erwies sich die zusätzliche Zugabe von 1% EGF nicht als förderlicher als die ausschließliche Verwendung von 20% FKS (siehe Abb. 4.6 und 4.7). In dem hier durchgeführten Medienversuch konnten parallel zum Zellindex keine morphologischen Befunde ermittelt werden. Deshalb kann nur spekuliert werden, warum die Impedanzen für 20% FKS-DMEM mit 1% EGF geringer waren als für 20% FKS-DMEM. EGF stimuliert nicht nur die Proliferation von epithelialen Zellen, es wirkt ebenso förderlich auf die Migration von Fibroblasten [Gobin and West, 2003] und hat Auswirkungen auf die EZM [Colige et al., 1988]. Eventuell war die Proliferationsaktivität der Fibroblasten daher zugunsten ihrer Motilität und der Produktion von Komponenten der EZM erniedrigt.

In der Langzeit-Zellkultur könnte die Proliferationsfähigkeit der Fischzellen nach längerer Kultivierung auch durch Seneszenz der Zellen beeinflusst werden. Beobachtungen zur Seneszenz von Zellen wurden zunächst an Säugetieren gemacht und sind bekannt als sogenanntes *Hayflick-Phänomen*, nach dem humane Fibroblasten nach etwa 50 Zellteilungen seneszent werden, während es bei der Maus gerade einmal 14-28 Zellteilungen sind [Hayflick, 1979, Hayflick, 2000, Cristofalo et al., 2004, Campisi, 2005]. In humanen Zellen wird die Seneszenz zum Teil durch Telomer-Verkürzungen bei der Replikation der DNA bedingt. Diese replikative Seneszenz spielt eine wichtige Rolle bei der Unterdrückung von Tumorentwicklungen in langlebigen Organismen [Gorbunova and Seluanov, 2010]. Bei Mäusen kommt dies nicht vor, sie exprimieren Telomerase im Gewebe [Gorbunova and Seluanov, 2010]. Kleine, kurzlebige Mäuse haben keine ausgefeilten Mechanismen evolviert, um sich vor Tumorentwicklungen zu schützen [Seluanov et al., 2008], da sich ihre Zellen weniger häufig teilen und schnell seneszent werden. Entsprechend klein ist bei Mäusen das Hayflick-Limit. Kultiviert man Mausfibroblasten jedoch bei 3 % Sauerstoff, werden sie immortal [Gorbunova and Seluanov, 2010].

5 Diskussion

Nach Freshney (2010b) tritt Seneszenz bei Fischzellen *in vitro* nach 20 bis 80 Verdopplungen auf. Die OMYsd 1x – Zellen konnten jedoch weitaus länger kultiviert werden. Bei einer Verdopplungszeit von max. 7 Tagen und einer Gesamtkultivierungsdauer von über 1100 Tagen (abzüglich kurzer und längerer Kryokonservierungen) sind rein rechnerisch mittlerweile über 150 Populationsverdopplungen erreicht. Vermutlich kommt es bei Fischzellen zu einer spontanen Immortalisierung, weshalb die OMYsd 1x – Zellen noch lange Zeit proliferieren. Spontane Immortalisierung beziehungsweise unbegrenztes Wachstum von Fischzellkulturen wurde häufig beobachtet [Bols et al., 2005].

Nicht nur die morphologischen Kriterien sowie das Wachstumsverhalten der Zellen sind relevant für die Charakterisierung einer Zellkultur, wie noch von Bols et al. (2005) beschrieben, sondern insbesondere die Proteinexpressionsmuster einer Zelle, nachgewiesen durch Antikörper, und die Expression entsprechender Gene, dokumentiert durch PCR. Die Möglichkeiten zur immunzytochemischen Markierung in Fischgeweben sind jedoch limitiert. Es existieren lediglich wenige Antikörper am Markt, die speziell gegen Fisch gerichtet sind und eine spezifische Kreuzreaktion von gegen Säuger gerichteten Antikörpern in Fischen ist selten eindeutig gegeben. Nur der in dieser Arbeit für Kollagen Typ 1 verwendete Antikörper war gegen das entsprechende Fischprotein gerichtet, weshalb hier die Spezifität gesichert war. In dieser Arbeit wurde daher zunächst die Kreuzreaktivität verschiedener Antikörper an OMYsd1x – Zellen getestet (siehe Tab. 7.2 im Anhang). Solche immunzytochemischen Untersuchungen sind im Gegensatz zu anderen Zelllinien aus Fischen [Servili et al., 2009, Ciba et al., 2008] bislang nicht an Regenbogenforellenzellen durchgeführt worden. Die ähnliche Lokalisation der Antikörper in den für ihre Antigene typischen Gewebeschichten auf den Hautschnitten und die übereinstimmende subzelluläre Lokalisation ließen darauf schließen, dass die Antikörper spezifisch an ihr homologes Ziel banden. Dennoch gehören beispielweise die Zytokeratine einer großen Familie von intermediären Filamenten an, deren Aminosäuresequenzen einander stark ähneln. So konnte über eine BLAST (http://blast.ncbi.nlm.nih.gov/Blast.cgi) -Suche festgestellt werden, dass 69 % der Aminosäuren von Zytokeratin 18 aus *O. mykiss* identisch mit ihrem humanen Homolog sind. Gleichermaßen zeigt aber auch Typ I Keratin E7 eine 66 %-ige und Typ I Zytokeratin 13 eine 65 %-ige Ähnlichkeit. Aus wenigen ursprünglichen Keratinen hat jede Vertebratenklasse eine Vielfalt an gewebespezifischen Keratinen entwickelt, während sich die Abstammungslinien weiter verzweigten [Mauger et al., 2009]. Dies gilt sowohl zwischen verschiedenen Arten als auch auf Ordnungs-, Familien- und Gattungsebene [Schaffeld and Markl, 2004]. Daher sind die meisten der humanen Keratine vermutlich nicht ortholog zu den Keratinen im Fisch. Es kann nicht mit Sicherheit gesagt werden, ob der gegen das humane Protein gerichtete Zytokeratin-Antikörper CK18 ausschließlich Zytokeratin 18 in Geweben der Regenbogenforelle färbt oder möglicherweise auch andere Zytokeratine. Aus diesem Grund wurden zusätzlich RT-PCR-Analysen mit für das *CK18*-Gen spezifischen Primern durchgeführt, die eine Expression der CK18 mRNA in den Langzeit-Zellkulturen belegten.

Die Ergebnisse dieser Arbeit zeigten, dass bereits in der Primärkultur der Vollhaut-Explantate signifikante Veränderungen in den Zellen stattfanden (siehe Abb. 4.13). Die Zellen exprimierten in den ersten Tagen noch wenig CK18. Nach sechs Tagen jedoch wurde CK18 verstärkt in den Zellen gefunden, insbesondere am Wachstumsrand der Zellpopulation. Im Verlauf der Kultivierung der OMYsd1x – Zellen konnten durch den Einsatz dieses spezifischen Markers ektodermal abstammende Zellen nachgewiesen werden. Aber auch Zellen mesodermalen Ursprungs konnten durch Kollagen Typ 1-positive Zellen gezeigt werden. Interessanterweise wurden Kollagen Typ 1 und Zytokeratin 18 in der Langzeit-Zellkultur meist gleichzeitig und in nahezu 100% der Zellen über Antikörperfärbungen nachgewiesen. Die Ergebnisse der RT-PCR hingegen zeigten, dass die Expression des Kollagen Typ 1

5 Diskussion

- Gens stark variierte, während CK18 stets gleichmäßig stark exprimiert wurde (Abb. 4.10). Eine gleichzeitige Expression dieser Marker wurde in anderen Studien bislang nicht gezeigt. So wird davon ausgegangen, dass eine Protein-Expression von CK18 nur in mehr ausdifferenzierten, epithelialen Zellen vorkommt [Markl and Franke, 1988, Tschentscher et al., 1997], während Kollagen Typ 1 vor allem in Bindegewebszellen exprimiert wird [Guellec et al., 2004]. Es ist ferner bekannt, dass sich das Expressionsmuster von Zytokeratinen in der Regenbogenforelle von denen in höheren Vertebraten unterscheidet [Markl and Franke, 1988]. Während CK18 in humanen und anderen tetrapoden Geweben typisch für epitheliale Zellen [Tschentscher et al., 1997], insbesondere für interne Epithelien der Leber und des Darms ist [Schaffeld et al., 2003, Mauger et al., 2009], kommt es in Fischen auch in externen Epithelien wie der Epidermis vor [Markl and Franke, 1988]. Allgemein wird CK18 in vielen Epithelien gefunden und kann daher als Marker für differenzierte Epithelien angesehen werden. In humanen Fibroblasten würde man CK18 hingegen nicht vermuten, nur bei spontaner Transformation der Zellen [Markl and Franke, 1988]. Verschiedene Untersuchungen suggerieren jedoch, dass die Expression von CK18 mit Stammzelleigenschaften von *in vitro* kultivierten Zellen aus adulten Geweben höherer Vertebraten assoziiert werden kann [Ciba et al., 2009]. Dazu gehören zum Beispiel auch aus Speicheldrüsen gewonnene Zellen [Matsumoto et al., 2007]. Es wurde außerdem festgestellt, dass Keratine wie die CK8/18-Filamente als Vermittler von Resistenzen gegen Apoptose fungieren [Townson et al., 2010].

Kollagen Typ 1 hingegen wird in höheren Organismen im Bindegewebe gebildet und in die EZM eingebaut. Es wird von Fibroblasten gebildet, die jedoch bislang noch sehr schlecht charakterisiert sind. So existiert beispielsweise eine große Variabilität von humanen Fibroblasten-Phänotypen [Werner et al., 2007]. Mesenchymale Zellen wie Adipozyten können in Fibroblasten de-differenzieren, während dermale Fibroblasten einen neuen Differenzierungsstatus erhalten können und in Myofibroblasten differenzieren [Werner et al., 2007]. In jungen Zebrafischen kann während der Entwicklung der Haut

5 Diskussion

Kollagen in Form von Prokollagen aber auch von epithelialen Zellen gebildet werden [Guellec et al., 2004], was vermuten lässt, dass diese Moleküle zunächst über Exozytose aus den Zellen in den subepidermalen Raum verfrachtet werden. Diese Fragen konnten jedoch bislang noch nicht beantwortet werden. Sobald jedoch Fibroblasten in die Dermis eingewandert sind, übernehmen sie die Kollagenproduktion von epidermalen Zellen [Guellec et al., 2004]. Es ist bislang nicht erforscht, ob dies ebenso für die Zellkultur gilt.

Die hier gefundenen Resultate sprechen ebenso für Zellen, die myoepithelial (Marker wären Zytokeratine oder alpha-SMA) oder myofibroblastär (Marker wären Kollagen Typ 1 oder Vimentin) differenziert sind. Alpha-SMA und Vimentin wurden jedoch beide in OMYsd1x – Zellen gefunden (Abb. 7.2 im Anhang). Es war folglich sehr schwer, die bekannten Expressionsmuster von Proteinen *in vivo* mit denen *in vitro* in der Langzeit-Zellkultur zu korrelieren. Die Ergebnisse suggerieren jedoch, dass einige Zellen einen intermediären Status erhalten, der stammzell-ähnliche Eigenschaften aufweist. Dieser Zelltyp könnte eine Progenitorzelle mit multi- oder gar pluripotenten Eigenschaften sein, die einerseits in Epithelzellen, andererseits in Fibroblasten differenzieren kann (Abb. 5.1). Für Fischzellen kann aufgrund der fehlenden Stammzell-/Progenitorzellmarker darüber jedoch nur spekuliert werden. Bislang konnte man in Fischen durch Transplantation GFP-markierter Zellen Stammzellpopulationen, beispielsweise in der Niere, nachweisen [Diep et al., 2011]. Da in der humanen Haut verschiedene Stammzellpopulationen belegt wurden, darunter *bulge* SCs mit ausgewiesenem keimblattunabhängigen, pluripotenten Stammzellpotential [Zouboulis et al., 2008], kann auch für die Fischhaut vermutet werden, dass sich dort Stammzellpopulationen befinden.

In vitro haben sowohl der Verdauungsprozess bei der Isolierung der Zellen aus dem Gewebe als auch die Kultivierung auf einer Plastikoberfläche starke Auswirkungen, sodass die Zellen offenbar in einen

5 Diskussion

Zustand versetzt werden, der sich vom Zustand des Herkunftsgewebes unterscheidet. Verschiedene weitere Bedingungen in der Kultur können zu Veränderungen der Population führen. Dazu zählen Aussaatdichten, subkonfluente oder konfluente Kultivierung über die Zeit und abiotische Parameter wie pH, Temperatur [Kondo and Watabe, 2004] und CO_2. Auch eine defizitäre Nährstoffversorgung in der Zellkultur sollte vermieden werden, da sie zu Stressreaktionen führen kann. Die beobachtete Inselbildung der Zellen in den ersten Passagen deutet ebenfalls auf einen Prozess hin, der zunächst epithelialen Zellen die Adhäsion an die Zellkulturplastik ermöglicht und anschließend aufgrund der geringen Proliferation dieses Zelltyps zu einem Vorteil für die stärker proliferierenden fibroblasten-ähnlichen Zellen führt. Diese bilden in späteren Passagen einen konfluenten Zellrasen. Neben einer solchen Entwicklung ist ebenfalls eine Transdifferenzierung von Zellen während der *in vitro* - Kultivierung denkbar. In der Zellkultur könnten die Zell-Zell-Kommunikation zwischen den Zellen oder Transdifferenzierungen von einzelnen Zellen zu Veränderungen einzelner Zelleigenschaften führen. Eine Transdifferenzierung epithelialer Zellen in mesenchymale Zellen ist bekannt und von [Mauger et al., 2009] als *epithelial-mesenchymal transition* (EMT) beschrieben. Sie tritt normalerweise in frühen Entwicklungsstadien von Vertebraten auf. Mauger et al. (2009) zeigten, dass Fibroblasten, die sie aus Goldfischflossen isolierten, positiv für CK18 waren, während epitheliale Zellen kein CK18 exprimierten. Da auch sie bei der Explantation der Goldfischhaut eine Veränderung der Anteile von epithelialen und fibroblasten-ähnlichen Zellen beobachteten, diskutieren sie das Auftreten einer EMT als möglichen Grund [Mauger et al., 2009]. Ein solcher Prozess erfordert jedoch spezifische extrazelluläre Aktivatoren. Die EMT wird von miteinander interagierenden Signalen wie löslichen Wachstumsfaktoren (TGFß, FGF, EGF und SF/HGF) sowie Komponenten der EZM wie Kollagen und Hyaluronsäure ausgelöst. In erwachsenen Organismen wurde eine EMT bislang nur unter pathologischen Umständen hervorgerufen [Thiery and Sleeman, 2006]. Bei der Wundheilung *in vivo* spielt die EMT ebenfalls eine wichtige Rolle. So unterliegen humane Keratinozyten einer Serie von Wechseln hinsichtlich Polarität,

5 Diskussion

Alterationen im Actinzytoskelett, Unterbrechung von Zell-Zell-Kontakten oder mobilen Fähigkeiten. Keratinozyten erhalten aber auch epitheliale Charakteristika während der Re-Epithelialisierung zurück [Thiery and Sleeman, 2006].

Unter Umständen ist der Effekt der Einbringung der Zellen in die *in vitro* – Kultur jedoch ein vergleichbar „schwerer" Einschnitt, da die Zellen nicht länger im Gewebe integriert sind und ihnen Signale zu ihrer Identität fehlen. Wie an den Explantaten gezeigt, kommt es nach wenigen Tagen bereits zu einer Hochregulation des CK18 in einigen Zellen (Abb. 4.13). Diese Veränderungen lassen Raum für Spekulationen über eine mögliche Transdifferenzierung der Zellen in der Kultur. Auch bei Molch-Augenlinsen kommt es bei kultivierten Explanten zu einer Transdifferenzierung [Grogg et al., 2005]. Eine gründliche Analyse von Aktivatoren, wie bestimmter Zytokine (SNAI1, TGFß1), könnte den Nachweis einer EMT in der *in vitro* Kultur erbringen. Zudem würden real-time PCR – Daten Erkenntnisse liefern, wie hoch die Expressionslevel von Zytokeratinen oder Kollagenen einer jeden Passage sind.

5 Diskussion

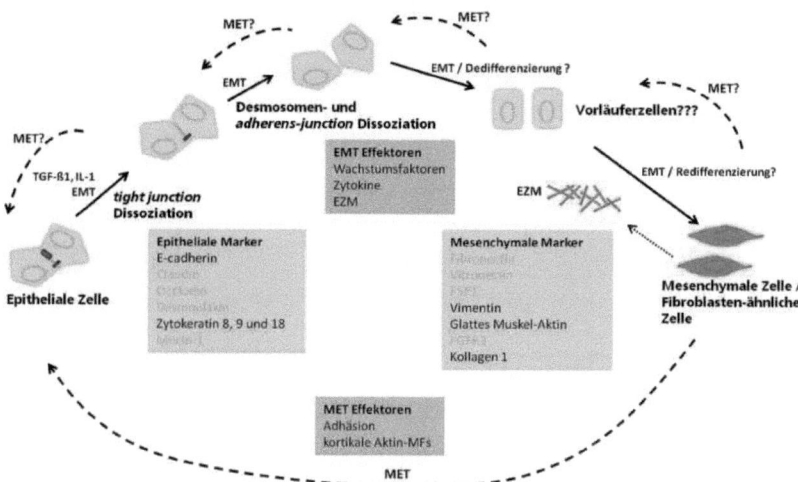

Abbildung 5.1 | Szenario einer möglichen epithelialen Zellplastizität der *in vitro* Kultur von Regenbogenforellen-Hautzellen im Zuge der epithelialen-mesenchymalen-Transition (EMT). Das Diagramm zeigt den Zyklus von Ereignissen, während derer epitheliale Zellen in mesenchymale Zellen transformiert werden können und *vice versa*. Die verschiedenen Stufen der EMT und der umgekehrte Prozess der mesenchymal-epithelialen Transition (MET), der allerdings noch kaum erforscht und in der Fischzellkultur bislang nicht dokumentiert wurde, werden von Effektoren moduliert, die sich gegenseitig beeinflussen können. Wichtige Ereignisse wie der Verlust von tight junctions oder Desmosomen während der EMT werden angedeutet. Eine Dedifferenzierung der epithelialen Zellen zu Vorläuferzellen, die dann in mesenchymale Zellen differenzieren, kann ebenso vermutet werden, wie eine direkte Transformation. Eine Anzahl Marker wurde bereits als EMT-charakteristisch identifiziert, wobei in der Fischzellkultur neben E-cadherin und Zytokeratin 18 als Vertreter der epithelialen Marker glattes Muskelaktin, Vimentin und Kollagen Typ 1 als mesenchymale Marker gefunden wurden. E-cadherin: epitheliales Cadherin; EZM: extrazelluläre Matrix; MFs: Mikrofilamente. Modifiziert nach [Thiery and Sleeman, 2006].

5.1.3 Selbsterneuerung, Regenerationsfähigkeit und Wundheilung im Fischzell-Modell

Die Möglichkeit, dass der EMT-Prozess dazu beiträgt, die Selbsterneuerungsfähigkeit von Zellen zu vermitteln, wurde von Mani et al. (2008) in Betracht gezogen. In der Tat sind die Prozesse zumindest

5 Diskussion

oberflächlich gesehen mit denen vergleichbar, die bei Gewebereparatur und Regeneration auftreten. Diese erlauben adulten Stammzellen, ihre Nischen zu verlassen, um an den geforderten Stellen zur Regeneration und Homöostase eines Gewebes beizutragen [Kondo et al., 2003, Mani et al., 2008]. Mani et al. (2008) konnten zeigen, dass Zellen, die *in vitro* eine EMT durchlaufen hatten, sich in vielen Aspekten wie Stammzellpopulationen aus normalem und neoplastischem (tumorösem) Gewebe verhielten. Dies bedeutet, sie produzierten unter anderem Mammosphären, sekundäre Strukturen in einer künstlichen extrazellulären Matrix wie dem Matrigel und exprimierten spezifische Marker verschiedener Keimbahnen. Offenbar gibt es eine Verbindung zwischen Stammzellen und Zellen, die eine EMT durchlaufen haben, da beide zur Remodellierung von Geweben während der Embryogenese beitragen, aber auch für bestimmte Aspekte der Wundheilung wichtig sind [Mani et al., 2008]. Auch die Ergebnisse der Langzeit-Zellkultur zeigen, dass OMYsd1x – Zellen dreidimensionale Strukturen produzieren und Marker verschiedener Keimblätter exprimieren (siehe 4.2.3 und 4.3). Damit weisen sie Eigenschaften von Stammzellen oder tumorösem Gewebe auf. Möglicherweise entsprechen sie aber auch einem unbekannten, intermediären Zelltyp.

Intermediäre Zellstadien entstehen, wenn eine differenzierte Zelle in eine mehr plastische oder stärker proliferative Form dedifferenziert. Eine Identifizierung von spezifischen Markern für solche Zwischenstadien wäre äußerst wertvoll, um genauere Erkenntnisse über die OMYsd1x – Zellen im Speziellen und über Regenerationsprozesse im Allgemeinen zu erlangen [Poss, 2010]. Dedifferenzierung ist in der *in vitro* Kultur kein seltenes Phänomen. Sie konnte sowohl bei pankreatischen [Rapoport et al., 2009b] als auch anderen glandulären Zellen [Rapoport et al., 2009a] beobachtet werden. Wodurch diese Dedifferenzierungen ausgelöst werden, ist noch unklar. Es werden daher verschiedene experimentelle Wund- und Verletzungsmodelle benötigt, wenn die an diesen Prozessen beteiligten Schlüsselzellen untersucht werden sollen [Poss, 2010]. Deshalb könnte eine Explantatkultur aus Fischhaut ein ideales Modell darstellen. Hier liegen neben den an der Wundheilung

5 Diskussion

beteiligten epidermalen Zellen, welche laut Literatur [Poss, 2010, Knopf et al., 2011] ausschließlich wiederum epidermale Zellen regenerieren, auch dermale Zellen vor, die neben der Dermis auch skelettale Bestandteile, zum Beispiel Schuppen, generieren könnten. Neue Studien zeigen, dass nicht-epitheliale (nicht-keratinozyte) Zellen wie Becherzellen oder Ionozyten, die den aktiven Ionentransport bewerkstelligen und entsprechend an der Osmoregulation des Fisches beteiligt sind, aus einem gemeinsamen Vorläufer entstehen, der über das Gen *grhl1* (*engl.* grainyhead-like1) erkannt werden kann [Janicke et al., 2010]. Ein solches Gen in der *in vitro* Kultur nachzuweisen würde zeigen, dass dort Zellen mit Progenitorstatus vorliegen.

Aus anwendungstechnischen Aspekten interessiert sich die medizinische Forschung bereits für die Fischhaut [Rakers et al., 2010]. So soll die Effektivität, Sicherheit und Immunogenität der EZM aus der Fischhaut für chronische Wunden im Menschen getestet werden [Baldursson, 2011]. In diesem Zusammenhang konnte bereits gezeigt werden, dass Fischschuppen-Kollagenpeptide den Säugerkollagenpeptiden hinsichtlich ihrer guten antibakteriellen Aktivität und der gleichzeitigen guten Biokompatibilität *in vitro* überlegen sind. Zudem unterstützten diese Peptide die Proliferation von Fibroblasten [Wang et al., 2011]. Fibroblasten synthetisieren normalerweise stets geringe Mengen an Kollagen, um die Integrität der EZM zu gewährleisten [McGaha et al., 2002]. Während der humanen Wundheilung kommt es durch einen Wechsel in der Balance zwischen EZM-Synthese und -Abbau zu einer verstärkten Anlagerung von fibrösem Material an der Wunde [McGaha et al., 2002]. Normalerweise dauert dieser Wechsel nur kurz an und das fibröse Material wird wieder abgebaut. In chronischen Wunden geschieht dies jedoch nicht. Hier lagern sich Kollagen Typ 1 und 3 ab, wobei noch nicht geklärt ist, ob dies durch die Fibroblasten selbst oder durch den Einfluss von Zytokinen erfolgt [Martin, 1997, McGaha et al., 2002]. Eventuell könnte anhand des in dieser Arbeit vorgestellten Fischhautmodells auch der wechselseitige Einfluss verschiedener Zelltypen und ihre Kommunikation (über Zellkontakte, Zytokine, Wachstumsfaktoren, EZM) untersucht werden. Wenn, wie in dieser Arbeit

5 Diskussion

gezeigt, Schuppenzellen in der unmittelbaren Umgebung zu mesenchymalen Zellen länger überleben, betont dies die Wichtigkeit der Schaffung von Interaktionsflächen für verschiedene Zelltypen beziehungsweise von künstlichen Nischen *in vitro*. Besondere Bedeutung bekommt diese Hypothese im Rahmen der Erschaffung künstlicher dreidimensionaler Testsysteme *in vitro*, da solche Zell-Zell-Interaktionen für die Nachbildung eines *in vivo - Gewebes* eminent wichtig sind. Wurden die epithelialen Zellen der Schuppen auf oder in Zellrasen von OMYsd1x – Zellen ausgesät (siehe 4.3), war das Überleben der epithelialen Zellen verbessert, was diese These stützt. Eine Orientierungsmöglichkeit für Zellen in der Kultur kann daher hilfreich sein, wenn man bestimmte differenzierte Zelltypen erhalten möchte. Die fibroblasten-ähnlichen Zellen der OMYsd1x könnten dazu beitragen, epitheliale Zellen aus den Schuppen *in vitro* zu integrieren. Wie wichtig die zelluläre Mikroumgebung für das Überleben von Zellen ist, zeigten Jeanes et al. [Jeanes et al., 2011] für Brustepithelzellen. Sie erklären zudem, dass die zelluläre Umgebung wichtiger für die Proliferation von Epithelzellen sei als Wachstumsfaktoren.

5.2 Generierung eines 3D-Fischhautmodells

Zum ersten Mal wurden in dieser Arbeit zwei Zelltypen eines Fisches *in vitro* zusammengeführt und auf diese Weise Primärzellen aus Regenbogenforellenschuppen mit Langzeitkulturen aus Regenbogenforellenvollhaut kombiniert. Der erste Ansatz bestand dabei in der Markierung der verschiedenen Zellquellen, damit die Zellen nach einer Zusammenführung wiedergefunden werden konnten. Der Versuch, die Zellen mit Nanopartikeln zu markieren, muss aus den zwei folgenden Gründen noch optimiert werden. Erstens wurde bei einer Markierung mit 5 µM der Nanopartikel (NP) keine homogene Verteilung erzielt, sodass einige Zellen unmarkiert blieben, während die NP in anderen Zellen akkumulierten. Eine optimale Konzentrationsermittlung der NP im Vorfeld wäre daher nötig

5 Diskussion

gewesen, um bessere Resultate zu erreichen. Zweitens war es durch die heterogene Verteilung der NP, die offenbar nach einer Zellteilung auftritt, nicht möglich, alle Zellen nach dem Zusammenführen wiederzufinden (Abb. 4.17). In einem zweiten Ansatz wurde ein konfluenter Zellrasen aus OMYsd1x – Zellen gezielt auf einer definierten Fläche abgeschabt und eine Freifläche geschaffen, in die eine Schuppe eingesetzt werden konnte. Eine Interaktion beider Zelltypen konnte über eine verstärkte Proliferation und Migration von epithel-ähnlichen Zellen in Richtung der fibroblasten-ähnlichen Zellen gezeigt werden. Diese konnte durch Lichtmikroskopie und mittels Antikörper-Markierung über die Ausbildung von Lamellipodien bestätigt werden (Abb. 4. 19 und 4.20). Bereits Svitkina et al. (1997) zeigten, dass epidermale Keratozyten aus Schwarzen Tetra (*Gymnocorymbus ternetzi*) - Schuppen eine starke Lokomotion, ausdauernde Polarität und eine einfache, aber stabile Form besitzen und somit als ideales Modell für die Aktin-Myosin-Mechanismen in Zellbewegungen dienen. Vermutlich wird diese auch hier beobachtete Bewegung von Signalen der fibroblasten-ähnlichen Zellen hervorgerufen. Wenn keine OMYsd1x – Zellen in der Kulturschale vorlagen, waren die epithel-ähnlichen Zellen der Schuppen nach wenigen Tagen statisch und wurden apoptotisch. Die OMYsd1x – Zellen bildeten vermutlich eine Art Nische, in der sich die Epithelzellen aus den Schuppen schneller orientieren konnten und somit apoptotische Vorgänge verhindert wurden. Für eine Periode von drei Wochen wurden in der zusammengeführten Kultur keine Effekte wie Apoptose oder Seneszenz beobachtet, welche durch vermehrte Vakuolenbildung, der Ausbildung von Stressfasern oder dem Ablösen von Zellen beobachtbar gewesen wären. Dies ist eine Voraussetzung für die Entwicklung eines dreidimensionalen Testsystems, bei dem das Überleben verschiedener Zelltypen unabdingbar ist. Weitere Beobachtungen des Interaktionsprozesses von Schuppenzellen und Vollhautzellen wären beispielsweise durch den Nachweis von Zell-Zell-Kontakten über Vinculin oder ß-Catenin möglich.

In humanen Hautmodellen werden Fibroblasten als Basis für den Aufbau der epidermalen Hautschicht aus Keratinozyten genutzt. Es wurde dort bereits festgestellt, dass sich dies positiv auf die Vitalität der

5 Diskussion

Keratinozyten auswirkt und zu einer Stratifizierung der künstlichen Haut führen kann [Mertsching et al., 2008, Semlin et al., 2011]. Die Verwendung von fibroblasten-ähnlichen OMYsd1x – Zellen, die eine EZM - gekennzeichnet durch den Nachweis von Kollagen Typ 1 - produzieren, bilden vermutlich ebenfalls eine gute Grundlage für die epithel-ähnlichen Zellen aus den Schuppen. Bereits Blair et al. (1990) konnten zeigen, dass die EZM als Anker für die Anheftung von Leberzellen aus Fischen dienen kann. Künftige Untersuchungen der Zytokin-Sekretion der OMYsd1x – Zellen zum Zeitpunkt der Schuppenintegration könnten weitere Erkenntnisse über die epidermalen-dermalen Interaktionen liefern und die Entwicklung eines dreidimensionalen Fischhautmodells unterstützen (Abb.5.2). Fibroblasten beispielsweise sezernieren TGF-ß1, welches die Synthese von Kollagen Typ 1 und die Matrix-Metalloprotease-1 (MMP-1) - Expression induziert [Scheithauer und Riechelmann, 2003]. Sie stimulieren sich demnach auch gegenseitig. Wird die TGF-ß1-Sekretion dann noch erhöht, wenn epitheliale Zellen hinzukommen? Wie beeinflussen epitheliale Zellen wiederum die Sekretion von Zytokinen in Fibroblasten? Eine weitere Möglichkeit, um diese Interaktionen zu überprüfen, wäre der Einsatz einer Air-Lift-Kultur für Fischhautmodelle. In einer solchen, indirekten Kokultur könnten Primärzellen über die zeitweise Zugabe einer Hautbiopsie, die von der Primärkultur durch eine Membran getrennt ist, stimuliert werden. Der Vorteil dieser Methode ist, dass durch die Porengröße der Membran von 0,4 µm nur lösliche Faktoren ins Medium diffundieren können. Ein solches System wurde von Petschnik et al. (2011) zur gerichteten neuronalen Differenzierung von humanen Stammzellen, zum Teil auch aus humaner Haut, etabliert. Der Vorteil des hier vorgestellten Modells gegenüber der Air-Lift-Methodik ist, dass vollständig auf Biospien verzichtet werden kann. Die notwendigen Primärkulturen aus den Schuppen sind mehrfach generierbar, ohne dafür ein Tier töten zu müssen.

5 Diskussion

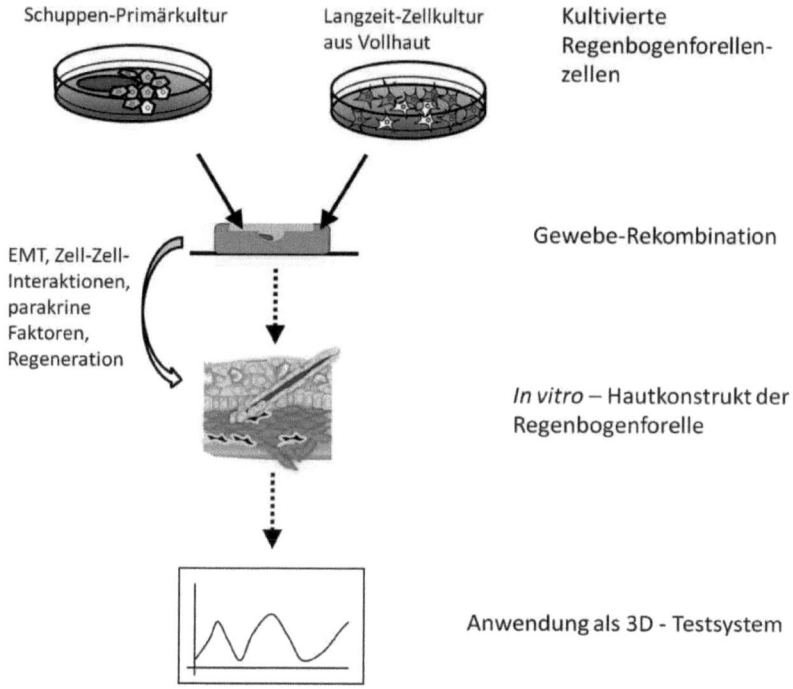

Abbildung 5.2 | **Artifizielles Fischhautmodell.** Schematische Darstellung eines möglichen Weges von kultivierten Fischhautzellen zu einer Verwendung von Fischhautzellen für ein Gewebekonstrukt, das als dreidimensionales Testsystem dient. Zunächst werden aus zwei verschiedenen Quellen, der Langzeitzellkultur aus Haut-abgeleiteten Regenbogenforellenzellen und aus Primärkulturen der Schuppen, verschiedene Zellen *in vitro* zusammengebracht (epitheliale Zellen: rot, fibroblasten-ähnliche Zellen: grün, mögliche Vorläuferzellen: weiß). Durch Interaktion der unterschiedlichen Zelltypen und deren Beitrag zur Extrazellulären Matrix ist es eventuell möglich ein Fischhautkonstrukt zu generieren, welches neben grundlagenorientierten Fragestellungen zur Interaktion von verschiedenen Zelltypen und einem Vorkommen epithelialer-mesenchymaler Transition auch als dreidimensionales Testsystem eingesetzt werden könnte. EMT: Epithelial-mesenchymale Transition.

5 Diskussion

5.3 Untersuchung der Zytotoxizität von unterschiedlichen Kupfersulfat (CuSO4) - Konzentrationen an Fischzellen und Säugerzellen

In dieser Arbeit wurde die Anwendungsmöglichkeit der etablierten Fischzellkultur OMYsd1x als vorangestelltes Screeningverfahren für toxikologische Analysen untersucht. Die Vorteile eines solchen *in-vitro*-Testsystems wären die Kontrollierbarkeit der Umgebung der Zelle, die Eliminierung von systemischen Einflüssen, verminderte Variabilität zwischen den Experimenten und praktische wie ethische Aspekte [Kammann et al., 2000]. In Vorversuchen an Fischzellen aus dem sibirischen Stör, die mit unterschiedlichen Konzentrationen an Quecksilberchlorid versetzt wurden, konnte eine erhöhte Empfindlichkeit dieser Fischzellen im Vergleich zu humanen Hautzellen gezeigt werden [Danner et al., unveröffentlicht]. Zwei Studien wiesen zudem auf eine gute Korrelation zwischen Zelltoxizität und akuter Fischtoxizität hin [Schirmer, 2006, Tanneberger et al., 2010]. Ziel war deshalb die Entwicklung eines Testsystems auf der Basis von Regenbogenforellenvollhautzellen, welches bereits frühzeitig und sensitiv auf molekularer Ebene oder auf Zellebene reagiert. Dabei sollte die Toxizität eines in Wasser oder Medium gelösten Stoffes als Summenparameter erfasst werden. Als Testsubstanz wurde Kupfer in Form von Kupfersulfat-Pentahydrat ($CuSO_4$) ausgewählt, da es in der Umwelt vielfältig auftritt. Aber erst durch die Industrie sowie durch die Verwendung von kupferhaltigen Pflanzenschutzmitteln gelangt es auch in toxisch wirkenden Dosen ins Wasser [Pelgrom et al., 1995]. *In vivo* durchströmt in Wasser gelöstes $CuSO_4$ in Form von Kupfer- und Sulfationen zuerst die Kiemen des Fisches und benetzt die äußere Hautschicht. Dort beeinflusst es die Ionenregulation der Zellen, was zu einer Hyponatriämie, einem Mangel an Natrium, führen kann [Stagg und Shuttleworth, 1982, Bonga, 1997]. Zusammen mit den intrazellulär entstehenden reaktiven Sauerstoffspezies (ROS) führen diese Reaktionen zu einer gesteigerten Toxizität. Andere Studien zeigten, dass die $CuSO_4$-Zugabe zu Hepatozyten der Regenforelle zum Anstieg von ROS wie Superoxid- oder Peroxidionen führt, die aufgrund ihrer

5 Diskussion

Radikalwirkung in der Lage sind, Makromoleküle der Zelle zu zerstören und die Zelle zu schädigen [Berg et al., 2003]. Neben den ROS führt die Wirkung des $CuSO_4$ auch zu einem Anstieg der Peptide und Proteine, die für die Reduzierung von ROS zuständig sind (z.B. Glutathion oder Superoxid-Peroxidasen). Übersteigt die $CuSO_4$-Wirkung die Kapazität der ROS-reduzierenden Enzyme, sinkt die Zellviabilität [Farmen et al., 2010]. Aufgrund der natürlichen Variabilität der Testorganismen und der Testbedingungen sind die beschriebenen Wirkungen jedoch häufig nur sehr schwer und zudem ungenau zu bestimmen. Daher wurde hier für die Auswertung der xCELLigence – Kurven als typische toxikologische Kenngröße der EC_{50} – Wert gewählt und mit den LC_{50} – Werten der Literatur für *in vivo* Versuche verglichen. Da Literaturangaben zu vergleichbaren LC_{50} – Werten je nach Organismus, Art des Wirkstoffs und Wirkungsweise zwischen 24 - 96 h gemacht werden, sind an dieser Stelle insbesondere die EC_{50} – Werte nach 24 h und 92 h interessant. Die hier berechneten EC_{50} - Werte liegen nach 24 h zwar gegenüber 92 h grob um den Faktor 10 höher, allerdings ist anhand der xCELLigence – Versuche deutlich zu erkennen, dass beispielsweise bei den Fischzellen bei einer Zugabe von 0,1 mg/ml $CuSO_4$ nach 30 h der Zellindex steigt. Die Zellen scheinen sich zu erholen. Damit zeigt der Einsatz des xCELLigence RTCA eindeutige Vorteile gegenüber anderen Tests, da hier über den Verlauf der Zeit einerseits beobachtet werden kann, wie lange eine Substanz einen negativen Effekt auf die Zellen hat (Zellindex sinkt) und andererseits festgestellt werden kann, wann sich möglicherweise Zellen regenerieren oder überlebende Zellen wieder proliferieren (Zellindex steigt). Die Dynamik eines biologischen Systems kann dadurch in Echtzeit sehr gut dargestellt werden, die andere Assays aufgrund der Betrachtung eines einzelnen Endpunktes nicht wiedergeben können. Ein weiterer Vorteil besteht in der Tatsache, dass man die Zellen nicht markieren muss und somit keine Abschwächung eines Signals auftreten kann. Der Nachteil dieses Systems liegt jedoch in der indirekten Messung von Adhäsion, Proliferation und Viabilität über die Impedanz der Zellen in Form des dimensionslosen Zellindex. Es ist zudem nicht möglich, während eines Versuchs die Zellen mikroskopisch zu betrachten. Daher kann nicht mit Sicherheit gesagt werden, ob beispielsweise ein beobachteter Anstieg des Zellindex mit einer verstärkten Proliferation von Zellen oder einer veränderten Morphologie zusammenhängt. Das xCELLigence RTCA erlaubt auch keine Aussagen über die Vitalität einer Zelle. Eine Kombination des xCELLigence RTCA mit einer Zeitraffer-Kamera sowie weitere zuverlässige Vitalitätstests wären deshalb ideal, um diese Nachteile zu kompensieren.

Die Länderarbeitsgemeinschaft Wasser (LAWA) hat als Zielvorgabe zum Schutz von Oberflächengewässern als vertretbare Konzentration für Kupfer (d.h. in Wasser gelöste, bioverfügbare Kupferionen wie Cu^{2+}, $CuOH^+$, Cu_2OH^{2+}) auf der Basis der vierfachen mittleren natürlichen Hintergrundkonzentration einen Wert von 4 µg Cu/L empfohlen. Zur Toxizität von Kupfer für Gewässerorganismen schwanken die in der Literatur vorhandenen Angaben im Bereich von bis zu zwei Zehnerpotenzen [Spangenberg, 1999]. Für Fische (Vertreter *O. mykiss*) wurde als LC_{50} - Richtwert für den akuten Toxizitätstest 10 mg Cu/L bei einer Expositionsdauer von 96 h im Durchfluss ausgegeben. LC_{50} - Werte für Kupfer in Form von $CuSO_4$ liegen bei etwa 74 µg/L für den Zebrafisch *D. rerio* [Campagna et al., 2008, Hernández und Allende, 2008]. Die in dieser Arbeit gemessenen EC_{50} - Werte für OMYsd1x von durchschnittlich 310 mg $CuSO_4$/L nach 24 h Exposition müssen aufgrund des eingesetzten Pentahydrats noch anhand der molaren Massengewichte umgerechnet werden. Dadurch sind in 309 mg $CuSO_4$ • 5 H_2O reell ca.198 mg $CuSO_4$ und ca. 79 mg Cu-Ionen enthalten. Die Werte lagen damit um ca. den Faktor tausend höher als beim Zebrafisch *in vivo*. Bei einem Einsatz von 79 mg Cu/L zeigten also 50% der Zellen einen Effekt. Dieser muss aber nicht zwangsläufig letal sein. Wie Abb. 4.21 zeigt, war der Zellindex bei Zugabe von umgerechnet 100 mg $CuSO_4$/L nach 92 h ähnlich hoch wie bei der Kontrolle. Hier hatte das verfügbare Kupfer folglich keinen oder sogar einen leicht stimulierenden Effekt. Nach den Ergebnissen ist ein Effekt, der den Zellindex um 50% reduziert, zwischen 100 mg und 200 mg $CuSO_4$/L zu erwarten. Ein Absinken des Zellindex kann mit verringerter

5 Diskussion

Adhäsion der Zellen korreliert werden, was auf eine mögliche Letalität der Zellen hinweist. Auf die Regenbogenforelle bezogen liegen die Werte nach 24 h damit um den Faktor 8 höher als *in vivo* nach 96 h. Schirmer (2006) zeigte, dass Fischzellen im Vergleich zum lebenden Fisch etwa zehnmal weniger sensitiv reagierten, aber die Daten mit den Ergebnissen der *in vivo* Versuche korrelierten. Die hier gemessenen Werte bestätigen daher die Literaturdaten, erhärten jedoch nicht die aus den Vorversuchen gezogenen Annahmen einer höheren Sensitivität gegenüber humanen Zellen.

Die deshalb zusätzlich durchgeführten Zeitraffer-Aufnahmen (Abb. 4.27) zeigten deutlich, dass bei einer Konzentration von 200 mg/L nach bereits kurzer Einwirkung von $CuSO_4$ Zellen offensichtlich apoptotisch wurden und sich zusammenzogen. Die durch den Abfall des Zellindex angedeutete toxische Wirkung des $CuSO_4$ konnte deshalb an dieser Stelle bestätigt werden.

In dieser Arbeit konnte gezeigt werden, dass in Bezug auf die Toxizität von Kupfer die Fischhaut geeignet ist, der zellbasierte Toxizitätstest mittels Impedanzmessung aber nicht sensitiver reagierte als vergleichbare, etablierte Testsysteme mit Säugerzellen. Bei den Berechnungen des EC_{50} – Wertes wurden je nach Dosis-Wirkungskurve zu den unterschiedlichen Zeitpunkten sehr unterschiedliche Ergebnisse gefunden. Nach 1 h sind teilweise unrealistische Werte berechnet worden. Das ist durch die Berechnungsgrundlage zu erklären. In die Berechnung fließen der höchste und der niedrigste gemessene Wert der Konzentrationen ein. Bei den Mauszellen wurde allerdings eine höhere Impedanz bei 2 mg/ml gemessen als bei 1 mg/ml. Dieses ungewöhnliche Ergebnis, vermutlich bedingt durch einen Kupferniederschlag auf die Elektroden, was in einer erhöhten Impedanz resultierte, führte bei den Berechnungen zu falsch hohen Werten. Daher sind Vergleiche nach 1 h an dieser Stelle nicht sinnvoll. Die EC_{50} – Werte nach 24 h für humane Zellen, Rattenzellen und Fischzellen, mit Korrelationskoeffizienten R² bei >0,9 und somit starken Korrelationen, lagen mit Werten von 56 – 142

5 Diskussion

mg Cu/L immer noch um etwa sechs bis vierzehn Mal höher als der *in vivo* gemessene Richtwert. Ein Grund für diese Diskrepanz liegt unter anderem in der geringeren Bioverfügbarkeit der Chemikalien begründet [Gülden and Seibert, 2005]. Zellkultursysteme im Mikrotiterplattenformat verursachen Verluste der Bioverfügbarkeit von Kupferionen durch Bindung der Chemikalie an funktionalisierten Oberflächen oder Proteinen des Mediums [Gülden und Seibert, 2005, Tanneberger et al., 2010]. Solche Proteine werden im Medium beispielsweise durch das enthaltene fötale Kälberserum (FKS) bereitgestellt. Hier wären weitere Versuche ohne FKS im Medium, zumindest über einen Zeitraum von 24 h, nötig.

Neben der Bioverfügbarkeit war die Wahl eines geeigneten Endpunktes zur Bestimmung der Toxizität wichtig. Viele Tests zur Zellvitalität in Säugerzellen haben einen Endpunkt nach 24 h, in der Literatur zu akuten Fischtests werden jedoch LC_{50} – Werte nach 96 h Stunden angegeben. Für ein schnelles Testsystem wäre ein Resultat nach 24 h wünschenswert. Ein geeigneter Endpunkt kann beispielsweise mit Hilfe von spezifischen Biomarkern wie Cytochrom-P450-Oxidasen ermittelt werden [Segner, 2004]. Sehr nachteilig für Toxizitätsscreenings ist jedoch, dass die meisten Zelllinien Cytochrom-P450-Enzyme und andere Enzyme des Fremdstoffmetabolismus nur in geringem Maße exprimieren, oder die Aktivität dieser Enzyme in Zelltypen wie den Leberzellen rasch eingestellt wird [Wilkening et al., 2003]. Dies kann dazu führen, dass toxische Substanzen in der Zellkultur in zu geringem Maße metabolisiert werden und dadurch toxischer erscheinen, als sie es im Organismus eigentlich wären.

Der richtige Zeitpunkt zur Messung der EC_{50} – Werte war in den hier durchgeführten Versuchen hingegen durch den Einsatz des xCELLigence RTCA leichter nachzuvollziehen, weshalb nach 24 h eine gute ökotoxikologische Abschätzung über die Wirkung von Kupfer auf Zellen vorgenommen werden konnte. Bei Zellkultur-basierten Tests ist jedoch die Vorkultivierung meist der Grund für die lange Dauer des gesamten Versuches. Eine Zeitersparnis würde deshalb die Verwendung von

5 Diskussion

eingefrorenen Fischzellen, die in Mikrotiterplatten vorgelegt wurden, bieten. Es gibt bereits ähnliche Test-Assays für diverse Säugerzellkulturen (z.B. von Cell Culture Services, Hamburg). Dabei hätten Fischzellen gegenüber Säugerzellen den Vorteil, dass die Tests bei Raumtemperatur durchgeführt werden könnten. Somit könnten solche Testsysteme auch außerhalb eines Brutschranks (und damit eventuell sogar im Freiland) eingesetzt werden. Ein Einsatz von Fischzellen im Bereich der Gewässeranalyse, beispielsweise durch Testung der Gewässer anhand von xCELLigence RTCA – Messungen an Fischzellen, wäre deshalb denkbar. Es sind in jedem Fall aber optimierte Versuchsbedingungen erforderlich, damit Fischzellen ein besseres Testsystem darstellen können [Schirmer, 2006, Tanneberger et al., 2010]. Generell haben Vertebraten-Zellkulturen viele Vorteile, aber bislang sind die Potenziale hinsichtlich ökotoxikologischer Überwachungen noch nicht hinreichend ausgeschöpft worden [Schirmer, 2006]. Vor allem die Empfindlichkeit der verschiedenen Zellen variiert sehr stark, wie in dieser Arbeit anhand der EC_{50} – Werte gezeigt werden konnte (Abb. 4.26). Daher kommt der Auswahl der geeigneten Zielzellen für jeden neuen Test eine entscheidende Bedeutung zu [Gareis, 2006]. Das Wissen über spezifische Funktionen dieser Zellen und Zellkulturen, der Einfluss auf Zellen durch die Zellkulturumgebung und intelligente Messungen, die Zellvorgänge anzeigen, sind Voraussetzungen für eine erfolgreiche Entwicklung einer *in vitro* Strategie [Schirmer, 2006]. Ein Mehrstufenmodell, wie von Burkhardt-Holm (2001) beschrieben, könnte dazu beitragen, mehr Fischzellen für die Anwendung und Praxis einzusetzen. Dazu könnten nacheinander Fischzelllinien, Fischhautzelllinien, Primärkulturen und Gewebekulturen getestet werden. Zeigt sich auf einer Stufe kein toxischer Effekt, wird mit der nächsten Stufe weitergetestet. Die hier gezeigten Fischhautzellen und ihr Potenzial für dreidimensionale Zellkulturen wären für ein solches Mehrstufenmodell hervorragend geeignet. Trotzdem können Anwendungen für die Risiko-Bewertung und Toxikologie nur so gut sein wie das fundamentale Wissen über die *in vitro* Modelle, die entwickelt und benutzt werden [Schirmer, 2006]. Je mehr solcher *in vitro* Modelle in Form verschiedener Zellkulturen hinzukommen, desto

5 Diskussion

umfangreicher könnte folglich getestet und damit bewertet werden. Wenn demnach neben den etablierten Leber- und Kiemenzelllinien nun auch die hier vorgestellte Hautzellkultur routinemäßig getestet würde, so hätte man den Weg eines Toxins wie dem des Kupfersulfats *in vivo* nahezu vollständig nachgezeichnet.

5.4 Fazit und Ausblick

In dieser Arbeit konnte gezeigt werden, dass aus Fischhaut zwei unterschiedliche Populationen von Zellen erhalten werden können, die sehr unterschiedliche Eigenschaften besitzen. Die Isolation von Zellen aus der Vollhaut brachte eine Population von Zellen hervor, die über viele Passagen kultiviert und vermehrt werden konnte. Dabei nahm ihre Proliferationsfähigkeit nicht ab. Die Analyse der Explantate ergab, dass sich die auswandernden Zellen bereits nach wenigen Tagen signifikant in ihrem Expressionsprofil ändern. Ein weiterer Vergleich der Gen- und Proteinexpression verschiedener Passagen dieser Zellpopulation ergab, dass sich die Zellen kontinuierlich verändern und sich somit klare, eindeutige Charakteristika nicht festlegen lassen. Zelltypen, die sich aus den mesodermalen und ektodermalen Keimblättern entwickeln, ließen sich zwar stets nachweisen, jedoch in unterschiedlich starken Ausprägungen. Es kann vermutet werden, dass die Zellen *in vitro* eine Veränderung erfahren, die einer EMT ähnelt. Dies muss jedoch durch weitere Untersuchungen, beispielsweise durch quantitative PCR oder *Fluorescence-activated Cell Sorting* (FACS) – Analysen, sowie weitere immunzytochemische Untersuchungen zur Bestimmung des Differenzierungspotentials verifiziert werden.

Die aus Schuppen gewonnenen Zellen zeigten eindeutige Charakteristika von epithelialen Zellen (welche sich aus dem ektodermalen Keimblatt entwickeln), die durch Elektronenmikroskopie, RT-PCR und immunzytochemische Marker belegt werden konnten. Über die Zeitraffer-Mikroskopie konnte zudem das Wachstums- und Migrationsverhalten der Zellen dokumentiert und beobachtet werden, dass die Zellen sich bereits frühzeitig von der Zellkulturplastik lösten. Diese Beobachtung gab einen wichtigen Hinweis auf den ausdifferenzierten Status der Zellen.

In dieser Arbeit wurden die beiden Zellpopulationen erstmals *in vitro* zusammengeführt, um zu prüfen, ob dadurch das Überleben der Schuppen-abgeleiteten Zellen verbessert werden kann und ob dabei die Wechselwirkungen zwischen den Zellpopulationen eine Rolle spielen. In ersten Ansätzen konnte bestätigt werden, dass die Schuppenzellen in die Zellkultur der fibroblasten-ähnlichen Zellen integrierten und dort länger überlebten. Somit bietet dieses System eine neue Möglichkeit, Untersuchungen zu Zell-Zell-Wechselwirkungen durchzuführen. Weitere Versuche wären hier interessant, beispielsweise der Nachweis von Zellkontakten über immunzytochemische Marker, ein Wachstumsfaktor-Antikörper-Array oder ein *Enzyme-linked Immunosorbent Assay* (ELISA), um sezernierte Faktoren wie Zytokine nachzuweisen.

Die Langzeit-Zellkultur OMYsd1x wurde in dieser Arbeit hinsichtlich ihrer Anwendbarkeit für Toxizitätstests geprüft. Dabei stellte sich heraus, dass die Zellen bezüglich der Prüfsubstanz Kupfersulfat ähnlich wie andere bislang verwendete Säugerzellen reagierten. Es konnten keine signifikanten Unterschiede durch die Messung der Impedanz festgestellt werden. Ein Vergleich der Ergebnisse mit den Werten für etablierte akute Toxizitätstests ergab eine relativ gute Korrelation, auch wenn die Werte der Fischzellen um den Faktor 10 höher lagen und damit Fischhautzellen deutlich weniger sensitiv als erwartet reagierten. Daher können sie für den Einsatz als alleiniger Toxizitätsanzeiger, zumindest für Kupfer, nicht empfohlen werden. Für ein erstes Screening von toxischen Substanzen haben sie jedoch dank ihrer einfachen Handhabbarkeit (Kultivierung bei Raumtemperatur, Einsatz außerhalb von Brutschränken) eindeutige Vorteile gegenüber Säugerzellkulturen.

Insgesamt stellen die Fischhautzellen sowie das *in vitro* Modell zweier Zellkulturen auch eine sehr interessante Option für humanspezifische Fragestellungen bezüglich hochkonservierter Mechanismen wie Zell-Zell-Kommunikation, Regeneration und Wundheilung dar. Dabei könnten insbesondere die einer EMT ähnlichen Vorgänge, wie in den Fischhautzellen gezeigt, für die Regenerations- und die Tumorforschung interessant sein und Rückschlüsse auf die entsprechenden Vorgänge im Menschen erlauben. Damit bieten Fischhautzellen ein enormes Potenzial für die vergleichende Zellforschung.

Dass beispielsweise hoch konservierte Gene oder auch kleinere Signalmoleküle wie siRNAs für xenogene Anwendungen genutzt werden können, zeigten Zhu et al. (2010), die Maus-Fibroblasten nur durch Zugabe von Fisch-Oozyten-Extrakt zum Kulturmedium in induzierte multipotente Stammzellen (iMS) umformten [Zhu et al., 2010].

Dabei sind die einfache Verfügbarkeit der einfrierbaren Langzeit-Zellkultur aus Fischhautzellen einerseits und die tierversuchsfreundliche Beschaffung der Schuppen andererseits deutlich vorteilhaft gegenüber etablierten zellulären Testsystemen.

6 Referenzen

Agency, U. E. P. (2002). Methods for Measuring the Acute Toxicity of Effluents to Freshwater and Marine Organisms. *U.S. Environmental Protection Agency*, 5th edition.

Alvarez, M. C., Béjar, J., Chen, S., and Hong, Y. (2007). Fish ES cells and Applications to Biotechnology. *Mar Biotechnol (NY)*, 9(2):117–127.

Babich, H. and Borenfreund, E. (1991). Cytotoxicity and genotoxicity assays with cultured fish cells: A review. *Toxicol In Vitro*, 5(1):91–100.

Baldursson, B. T. (2011). Use of fish skin extracellular matrix (ECM) to facilitate chronic wound healing. Clinical study by Kerecis Ltd. *ClinicalTrials.gov*, identifier: NCT01348581.

Barker, N., Bartfeld, S., and Clevers, H. (2010). Tissue-resident adult stem cell populations of rapidly self-renewing organs. *Cell Stem Cell*, 7(6):656–670.

Barnes, D. W., Parton, A., Tomana, M., Hwang, J.-H., Czechanski, A., Fan, L., and Collodi, P. (2008). Stem cells from cartilaginous and bony fish. *Methods Cell Biol*, 86:343–367.

Bartsch, G., Yoo, J. J., Coppi, P. D., Siddiqui, M. M., Schuch, G., Pohl, H. G., Fuhr, J., Perin, L., Soker, S., and Atala, A. (2005). Propagation, expansion, and multilineage differentiation of human somatic stem cells from dermal progenitors. *Stem Cells Dev*, 14(3):337–348.

Baum, C. M., Weissman, I. L., Tsukamoto, A. S., Buckle, A. M., and Peault, B. (1992). Isolation of a candidate human hematopoietic stem-cell population. *Proc Natl Acad Sci U S A*, 89(7):2804–2808.

Bayar, G., Aydintug, Y., Gulses, A., and Elci, P., S. M. (2011). A pilot study of the primary culture of the oral mucosa keratinocytes by the direct explant technique. *OHDM*, 10(2):88–92.

6 Referenzen

Béjar, J., Hong, Y., and Alvarez, M. C. (2002). An ES-like cell line from the marine fish Sparus aurata: characterization and chimaera production. *Transgenic Res*, 11(3):279–289.

Berg, J. M., Tymoczko, J. L., Stryer, L. (2003). Biochemie. 5.Aufl. 552-553. Spektrum Akademischer Verlag, Heidelberg.

Bhogal, N.; Grindon, C.; Combes, R. and Balls, M. (2005). Toxicity testing: creating a revolution based on new technologies. Trends Biotechnol, 23:299-307.

Blair, J. B., Miller, M. R., Pack, D., Barnes, R., Teh, S. J., and Hinton, D. E. (1990). Isolated trout liver cells: establishing short-term primary cultures exhibiting cell-to-cell interactions. *In Vitro Cell Dev Biol*, 26(3 Pt 1):237–249.

Blanpain, C., Horsley, V., and Fuchs, E. (2007). Epithelial stem cells: turning over new leaves. *Cell*, 128(3):445–458.

Bols, N.C., Dayeh, V., L.E.J.Lee, and Schirmer, K. (2005). Use of fish cell lines in the toxicology and ecotoxicology of fish. Piscine cell lines in environmental toxicology. In Mommsen, T. P. and Moon, T. W. (Eds.): Environmental Toxicology. 6:43–85. Elsevier B.V., Amsterdam.

Bols, N. C. and Lee, L. (1992). Technology and uses of cell cultures from the tissues and organs of bony fish. *Cytotechnology*, 6:163–187.

Bols, N. C., Mosser, D., and Steels, G. (1992). Temperature studies and recent advances with fish cells in vitro. *Comp Biochem Physiol A Mol Integr Physiol*, 103:1–14.

Bols, N. C. (1991). Biotechnology and aquaculture: the role of cell cultures. *Biotechnol Adv*, 9(1):31–49.

Bols, N. C., Brubacher, J. L., Ganassin, R. C., and Lee, L. E. (2001). Ecotoxicology and innate immunity in fish. *Dev Comp Immunol*, 25(8-9):853–873.

6 Referenzen

Bols, N. C., Ganassin, R. C., Tom, D. J., and Lee, L. E. (1994). Growth of fish cell lines in glutamine-free media. *Cytotechnology*, 16(3):159–166.

Bols, N. C., Yang, B. Y., Lee, L. E., and Chen, T. T. (1995). Development of a rainbow trout pituitary cell line that expresses growth hormone, prolactin, and somatolactin. *Mol Mar Biol Biotechnol*, 4(2):154–163.

Bonga, S. E. W. (1997). The stress response in fish. *Physiol Rev*, 77(3):591–625.

Bongso, A. and Richards, M. (2004). History and perspective of stem cell research. *Best Pract Res Clin Obstet Gynaecol*, 18(6):827–842.

Britz, R. (2004). Teleostei, Knochenfische i.e.S. In: Westheide, W. und Rieger, R. (Hrsg.): Spezielle Zoologie. Teil 2: Wirbel- oder Schädeltiere. 240-287. Spektrum Akademischer Verlag, Heidelberg, Berlin.

Brohem, C. A., da Silva Cardeal, L. B., Tiago, M., Soengas, M. S., de Moraes Barros, S. B., and Maria-Engler, S. S. (2011). Artificial skin in perspective: concepts and applications. *Pigment Cell Melanoma Res*, 24(1):35–50.

Burkhardt-Holm, P. (2001). Der Fisch - Wie läßt er sich als Indikator für die Qualität seiner Umwelt einsetzen? *GAIA*, 10(1):6–15.

Campagna, A., Fracaio, R., Rodrigues, B., and Eler, M. (2008). Effects of the copper in the survival, growth, and gill morphology of Danio rerio (Cypriniformes, Cyprinidae). *Acta Limnol Bras*, 20(3):253–259.

Campisi, J. (2005). Senescent cells, tumor suppression, and organismal aging: good citizens, bad neighbors. *Cell*, 120(4):513–522.

6 Referenzen

Castaño, A., Bols, N., Braunbeck, T., Dierickx, P., Halder, M., Isomaa, B., Kawahara, K., Lee, L. E. J., Mothersill, C., Pärt, P., Repetto, G., Sintes, J. R., Rufli, H., Smith, R., Wood, C., Segner, H., and ECVAM Workshop 47 (2003). The use of fish cells in ecotoxicology. The report and recommendations of ECVAM Workshop 47. *Altern Lab Anim*, 31(3):317–351.

Chaffer, C. L., Brueckmann, I., Scheel, C., Kaestli, A. J., Wiggins, P. A., Rodrigues, L. O., Brooks, M., Reinhardt, F., Su, Y., Polyak, K., Arendt, L. M., Kuperwasser, C., Bierie, B., and Weinberg, R. A. (2011). Normal and neoplastic nonstem cells can spontaneously convert to a stem-like state. *Proc Natl Acad Sci U S A*, 108(19):7950-5.

Chang, H. Y., Chi, J.-T., Dudoit, S., Bondre, C., van de Rijn, M., Botstein, D., and Brown, P. O. (2002). Diversity, topographic differentiation, and positional memory in human fibroblasts. *Proc Natl Acad Sci U S A*, 99(20):12877–12882.

Chen, F. G., Zhang, W. J., Bi, D., Liu, W., Wei, X., Chen, F. F., Zhu, L., Cui, L., and Cao, Y. (2007). Clonal analysis of nestin(-) vimentin(+) multipotent fibroblasts isolated from human dermis. *J Cell Sci*, 120(Pt 16):2875–2883.

Ciba, P., Schicktanz, S., Anders, E., Siegl, E., Stielow, A., Klink, E., and Kruse, C. (2008). Long-term culture of a cell population from Siberian sturgeon (Acipenser baerii) head kidney. *Fish Physiol Biochem*, 34(4):367-72.

Ciba, P., Sturmheit, T. M., Petschnik, A. E., Kruse, C., and Danner, S. (2009). In vitro cultures of human pancreatic stem cells: gene and protein expression of designated markers varies with passage. *Ann Anat*, 191(1):94–103.

6 Referenzen

Clem, L. W., Bly, J. E., Wilson, M., Chinchar, V. G., Stuge, T., Barker, K., Luft, C., Rycyzyn, M., Hogan, R. J., van Lopik, T., and Miller, N. W. (1996). Fish immunology: the utility of immortalized lymphoid cells– a mini review. *Vet Immunol Immunopathol*, 54(1-4):137–144.

Colige, A., Nusgens, B., and Lapiere, C. M. (1988). Effect of EGF on human skin fibroblasts is modulated by the extracellular matrix. *Arch Dermatol Res*, 280 Suppl:S42–S46.

Collodi, P., Kamei, Y., Sharps, A., Weber, D., and Barnes, D. (1992). Fish embryo cell cultures for derivation of stem cells and transgenic chimeras. *Mol Mar Biol Biotechnol*, 1(4-5):257–265.

Cristofalo, V. J., Lorenzini, A., Allen, R. G., Torres, C., and Tresini, M. (2004). Replicative senescence: a critical review. *Mech Ageing Dev*, 125(10-11):827–848.

Crosby, H. A. and Strain, A. J. (2001). Adult liver stem cells: bone marrow, blood, or liver derived? *Gut*, 48(2):153–154.

Cui, C.-Y. and Schlessinger, D. (2006). EDA signaling and skin appendage development. *Cell Cycle*, 5(21):2477–2483.

Davidson, A. J. (2011). Uncharted waters: nephrogenesis and renal regeneration in fish and mammals. *Pediatr Nephrol*, 26(9):1435-43.

Dayeh, V. R., Lynn, D. H., and Bols, N. C. (2005). Cytotoxicity of metals common in mining effluent to rainbow trout cell lines and to the ciliated protozoan, Tetrahymena thermophila. *Toxicol In Vitro*, 19(3):399–410.

Dayeh, V. R., Schirmer, K., and Bols, N. C. (2002). Applying whole-water samples directly to fish cell cultures in order to evaluate the toxicity of industrial effluent. *Water Res*, 36(15):3727–3738.

6 Referenzen

Diep, C. Q., Ma, D., Deo, R. C., Holm, T. M., Naylor, R. W., Arora, N., Wingert, R. A., Bollig, F., Djordjevic, G., Lichman, B., Zhu, H., Ikenaga, T., Ono, F., Englert, C., Cowan, C. A., Hukriede, N. A., Handin, R. I., and Davidson, A. J. (2011). Identification of adult nephron progenitors capable of kidney regeneration in zebrafish. *Nature*, 470(7332):95–100.

el Ghalbzouri, A., Gibbs, S., Lamme, E., Blitterswijk, C. A. V., and Ponec, M. (2002). Effect of fibroblasts on epidermal regeneration. *Br J Dermatol*, 147(2):230–243.

Evans, M. J. and Kaufman, M. H. (1981). Establishment in culture of pluripotential cells from mouse embryos. *Nature*, 292(5819):154–156.

Fan, L. and Collodi, P. (2006). Zebrafish embryonic stem cells. *Methods Enzymol*, 418:64–77.

Farmen, E., Olsvik, P. A., Berntssen, M. H. G., Hylland, K., and Tollefsen, K. E. (2010). Oxidative stress responses in rainbow trout (Oncorhynchus mykiss) hepatocytes exposed to pro-oxidants and a complex environmental sample. *Comp Biochem Physiol C Toxicol Pharmacol*, 151(4):431–438.

Fent, K. (2001). Fish cell lines as versatile tools in ecotoxicology: assessment of cytotoxicity, cytochrome p4501a induction potential and estrogenic activity of chemicals and environmental samples. *Toxicol In Vitro*, 15(4-5):477–488.

Fent, K. (2007). Permanent fish cell cultures as important tools in ecotoxicology. *ALTEX*, 24 Spec No:26–28.

Fernandez, R., Yoshimizu, M., Ezura, Y., and Kimura, T. (1993). Comparative growth responses of fish cell lines in different media, temperatures, and sodium chloride concentrations. *Gyobyo Kenkyu*, 28(1):27–34.

6 Referenzen

Freshney, R. I. (2010a). Primary Culture. In: Freshney, R. I. (Ed.): Culture of Animal Cells: A Manual of Basique Technique and Specialized Applications. 6th ed. 163-186. Wiley-Blackwell, New York.

Freshney, R. I. (2010b). Subculture and Cell Lines. In: Freshney, R. I. (Ed.): Culture of Animal Cells: A Manual of Basique Technique and Specialized Applications. 6th ed. 187-206. Wiley-Blackwell, New York.

Friedman, A. (2010). The basement membrane zone — the critical interface between dermis and epidermis. *Skin & Aging*, 18(5):19–22.

Fryer, J. L. and Lannan, C. N. (1994). Three decades of fish cell culture: A current listing of cell lines derived from fishes. *J Tissue Cult Meth*, 16:87–94.

Ganassin, R. C. and Bols, N. C. (1999). A stromal cell line from rainbow trout spleen, rts34st, that supports the growth of rainbow trout macrophages and produces conditioned medium with mitogenic effects on leukocytes. *In Vitro Cell Dev Biol Anim*, 35(2):80–86.

Gareis, M. (2006). Diagnostischer Zellkulturtest (MTT-test) für den Nachweis von zytotoxischen Kontaminanten und Rückständen. *J. Verbr. Lebensm.*, 1:354–363.

Gele, M. V., Geusens, B., Brochez, L., Speeckaert, R., and Lambert, J. (2011). Three-dimensional skin models as tools for transdermal drug delivery: challenges and limitations. *Expert Opin Drug Deliv*, 8(6):705–720.

Gilbert, S. F. (2006). The early development of vertebrates: fish, birds, and mammals. In: Gilbert, S. F. (Ed.): Developmental Biology. 8th ed. 325-369. Sinauer Associates, Inc., Sunderland.

Gimble, J. M., Katz, A. J., and Bunnell, B. A. (2007). Adipose-derived stem cells for regenerative medicine. *Circ Res*, 100(9):1249–1260.

6 Referenzen

Gülden, M. and Seibert, H. (2005). Impact of bioavailability on the correlation between in vitro cytotoxic and in vivo acute fish toxic concentrations of chemicals. *Aquat Toxicol*, 72(4):327–337.

Gobin, A. S. and West, J. L. (2003). Effects of epidermal growth factor on fibroblast migration through biomimetic hydrogels. *Biotechnol Prog*, 19(6):1781–1785.

Goldsmith, L. (1991). Physiology, Biochemistry and Molecular Biology of the Skin. 2nd ed. 1529 pp. Oxford University Press, New York.

Gong, Z., Wan, H., Tay, T. L., Wang, H., Chen, M. Yan, T. (2003). Development of transgenic fish for ornamental and bioreactor by strong expression of fluorescent proteins in the skeletal muscle. *Biochem Biophys Res Comm*, 388:58-63.

Gorbunova, V. and Seluanov, A. (2010). A comparison of senescence in mouse and human cells. In: Adams, P. D. and Sedivy, J. M. (Eds.): Cellular Senescence and Tumor Suppression. 1st ed. 175-200. Springer Science + Business Media LLC, New York.

Gordon, K. E., Binas, B., Chapman, R. S., Kurian, K. M., Clarkson, R. W., Clark, A. J., Lane, E. B., and Watson, C. J. (2000). A novel cell culture model for studying differentiation and apoptosis in the mouse mammary gland. *Breast Cancer Res*, 2(3):222–235.

Gore, A., Li, Z., Fung, H.-L., Young, J. E., Agarwal, S., Antosiewicz-Bourget, J., Canto, I., Giorgetti, A., Israel, M. A., Kiskinis, E., Lee, J.-H., Loh, Y.-H., Manos, P. D., Montserrat, N., Panopoulos, A. D., Ruiz, S., Wilbert, M. L., Yu, J., Kirkness, E. F., Belmonte, J. C. I., Rossi, D. J., Thomson, J. A., Eggan, K., Daley, G. Q., Goldstein, L. S. B., and Zhang, K. (2011). Somatic coding mutations in human induced pluripotent stem cells. *Nature*, 471(7336):63–67.

Graham, J. (2006). Aquatic and Aerial Respiration. In: Evans, D. H. and Claiborne, J. B. (Eds.): The Physiology of fishes. Marine Biology Series. 3rd ed. 85–118.Taylor & Francis, London.

Granato, M. and Nüsslein-Volhard, C. (1996). Fishing for genes controlling development. *Curr Opin Genet Dev*, 6(4):461–468.

Grimaldi, A., Bianchi, C., Greco, G., Tettamanti, G., Noonan, D. M., Valvassori, R., and de Eguileor, M. (2008). In vivo isolation and characterization of stem cells with diverse phenotypes using growth factor impregnated biomatrices. *PLoS One*, 3(4):e1910.

Grogg, M. W., Call, M. K., Okamoto, M., Vergara, M. N., Rio-Tsonis, K. D., and Tsonis, P. A. (2005). Bmp inhibition-driven regulation of six-3 underlies induction of newt lens regeneration. *Nature*, 438(7069):858–862.

Guellec, D. L., Morvan-Dubois, G., and Sire, J.-Y. (2004). Skin development in bony fish with particular emphasis on collagen deposition in the dermis of the zebrafish (Danio rerio). *Int J Dev Biol*, 48(2-3):217–231.

Hartung, T. and Rovida, C. (2009). Chemical regulators have overreached. *Nature*, 460(7259):1080–1081.

Hasoon, M. F., Daud, H. M., Abdullah, A. A., Arshad, S. S., and Bejo, H. M. (2011). Development and partial characterization of new marine cell line from brain of asian sea bass lates calcarifer for virus isolation. *In Vitro Cell Dev Biol Anim*, 47(1):16–25.

Hayflick, L. (1979). The cell biology of aging. *J Invest Dermatol*, 73(1):8–14.

Hayflick, L. (2000). The illusion of cell immortality. *Br J Cancer*, 83(7):841–846.

6 Referenzen

Heldmaier, G. und Neuweiler, G. (2004). Temperaturanpassung und Kompensation. In: Heldmaier, G. und Neuweiler, G. (Hrsg.): Vergleichende Tierphysiologie, Band 2: Vegetative Physiologie. 104-106. Springer-Verlag, Berlin.

Helfrich, L. A., Weigmann, D. L., Hipkins, P. and Stinson, E. R. (2009). Pesticides and aquatic animals: A guide to reducing impacts on aquatic systems. *Virginia Cooperate Extension - online article*. Communications and Marketing, College of Agriculture and Life Sciences, Virginia Polytechnic Institute and State University.

Hernández, P. P. and Allende, M. L. (2008). Zebrafish (Danio rerio) as a model for studying the genetic basis of copper toxicity, deficiency, and metabolism. *Am J Clin Nutr*, 88(3):835S–839S.

Herz, C., Aumailley, M., Schulte, C., Schlötzer-Schrehardt, U., Bruckner-Tuderman, L., and Has, C. (2006). Kindlin-1 is a phosphoprotein involved in regulation of polarity, proliferation, and motility of epidermal keratinocytes. *J Biol Chem*, 281(47):36082–36090.

Hightower, L. E. and Renfro, J. L. (1988). Recent applications of fish cell culture to biomedical research. *J Exp Zool*, 248(3):290–302.

Holen, E. and Hamre, K. (2004). Towards obtaining long term embryonic stem cell like cultures from a marine flatfish, Scophtalmus maximus. *Fish Physiol Biochem*, 29(3):245–252.

Holen, E., Kausland, A., and Skjærven, K. (2010). Embryonic stem cells isolated from atlantic cod (Gadus morhua) and the developmental expression of a stage-specific transcription factor ac-pou2. *Fish Physiol Biochem*, 36(4):1029–1039.

Hong, N., Li, Z., and Hong, Y. (2011). Fish stem cell cultures. *Int J Biol Sci*, 7(4):392–402.

6 Referenzen

Hussein, S. M., Batada, N. N., Vuoristo, S., Ching, R. W., Autio, R., Närvä, E., Ng, S., Sourour, M., Hämäläinen, R., Olsson, C., Lundin, K., Mikkola, M., Trokovic, R., Peitz, M., Brüstle, O., Bazett-Jones, D. P., Alitalo, K., Lahesmaa, R., Nagy, A., and Otonkoski, T. (2011). Copy number variation and selection during reprogramming to pluripotency. *Nature*, 471(7336):58–62.

Iwamoto, T., Mori, K., Arimoto, M., and Nakai, T. (1999). High permissivity of the fish cell line ssn-1 for piscine nodaviruses. *Dis Aquat Organ*, 39(1):37–47.

Janicke, M., Renisch, B., and Hammerschmidt, M. (2010). Zebrafish grainyhead-like1 is a common marker of different non-keratinocyte epidermal cell lineages, which segregate from each other in a foxi3-dependent manner. *Int J Dev Biol*, 54(5):837–850.

Jeanes, A. I., Maya-Mendoza, A., and Streuli, C. H. (2011). Cellular microenvironment influences the ability of mammary epithelia to undergo cell cycle. *PLoS One*, 6(3):e18144.

Johansson, C. B., Momma, S., Clarke, D. L., Risling, M., Lendahl, U., and Frisén, J. (1999). Identification of a neural stem cell in the adult mammalian central nervous system. *Cell*, 96(1):25–34.

Jones, P. H. and Watt, F. M. (1993). Separation of human epidermal stem cells from transit amplifying cells on the basis of differences in integrin function and expression. *Cell*, 73(4):713–724.

Kammann, U., Bunke, M., and Steinhart, H. (2000). Anwendung von Fischzellkulturen in der Meeresforschung. *Inf. Fischwirtsch. Fischereiforschung*, 47:48–51.

Kawauchi, H. (2006). Functions of melanin-concentrating hormone in fish. *J Exp Zool A Comp Exp Biol*, 305(9):751–760.

6 Referenzen

Knopf, F., Hammond, C., Chekuru, A., Kurth, T., Hans, S., Weber, C. W., Mahatma, G., Fisher, S., Brand, M., Schulte-Merker, S., and Weidinger, G. (2011). Bone regenerates via dedifferentiation of osteoblasts in the zebrafish fin. *Dev Cell*, 20(5):713–724.

Kondo, H. and Watabe, S. (2004). Temperature-dependent enhancement of cell proliferation and mRNA expression for type I collagen and hsp70 in primary cultured goldfish cells. *Comp Biochem Physiol A Mol Integr Physiol*, 138(2):221–228.

Kondo, M., Wagers, A. J., Manz, M. G., Prohaska, S. S., Scherer, D. C., Beilhack, G. F., Shizuru, J. A., and Weissman, I. L. (2003). Biology of hematopoietic stem cells and progenitors: implications for clinical application. *Annu Rev Immunol*, 21:759–806.

Kondo, S., Kuwahara, Y., Kondo, M., Naruse, K., Mitani, H., Wakamatsu, Y., Ozato, K., Asakawa, S., Shimizu, N., and Shima, A. (2001). The medaka rs-3 locus required for scale development encodes ectodysplasin-a receptor. *Curr Biol*, 11(15):1202–1206.

Kossack, N., Meneses, J., Shefi, S., Nguyen, H. N., Chavez, S., Nicholas, C., Gromoll, J., Turek, P. J., and Reijo-Pera, R. A. (2009). Isolation and characterization of pluripotent human spermatogonial stem cell-derived cells. *Stem Cells*, 27(1):138–149.

Kragl, M., Knapp, D., Nacu, E., Khattak, S., Maden, M., Epperlein, H. H., and Tanaka, E. M. (2009). Cells keep a memory of their tissue origin during axolotl limb regeneration. *Nature*, 460(7251):60–65.

Krewski, N. R. C. D., Daniel Acosta, J., Andersen, M., Anderson, H., III, J. B., Boekelheide, K., Brent, R., Charnley, G., Cheung, V., Green, S., Kelsey, K., Kerkvliet, N., Li, A., McCray, L., Meyer, O., Patterson, D. R., Pennie, W., Scala, R., Solomon, G., Stephens, M., Yager, J., and Zeise, L. (2007). Toxicity testing in the twenty-first century: A vision and a strategy. National Academies Press, Washington, DC.

Kruse, C., Birth, M., Rohwedel, J., Assmuth, K., Goepel, A., and Wedel, T. (2004). Pluripotency of adult stem cells derived from human and rat pancreas. *Applied Physics A*. 79: 1617-1624.

Kruse, C., Bodó, E., Petschnik, A. E., Danner, S., Tiede, S., and Paus, R. (2006a). Towards the development of a pragmatic technique for isolating and differentiating nestin-positive cells from human scalp skin into neuronal and glial cell populations: generating neurons from human skin? *Exp Dermatol*, 15(10):794–800.

Kruse, C., Kajahn, J., Petschnik, A. E., Maass, A., Klink, E., Rapoport, D. H., and Wedel, T. (2006b). Adult pancreatic stem/progenitor cells spontaneously differentiate in vitro into multiple cell lineages and form teratoma-like structures. *Ann Anat*, 188(6):503–517.

Kubo, K. and Kuroyanagi, Y. (2005). A study of cytokines released from fibroblasts in cultured dermal substitute. *Artif Organs*, 29(10):845–849.

Lako, M., Armstrong, L., Cairns, P. M., Harris, S., Hole, N., and Jahoda, C. A. B. (2002). Hair follicle dermal cells repopulate the mouse haematopoietic system. *J Cell Sci*, 115(Pt 20):3967–3974.

Lakra, W. S., Swaminathan, T. R., and Joy, K. P. (2010). Development, characterization, conservation and storage of fish cell lines: a review. *Fish Physiol Biochem*, 37:1–20.

Lamche, G., Meier, W., Suter, M., and Burkhardt-Holm, P. (1998). Primary culture of dispersed skin epidermal cells of rainbow trout Oncorhynchus mykiss Walbaum. *Cell Mol Life Sci*, 54:1042–1051.

Lavker, R. M. and Sun, T. T. (1983). Epidermal stem cells. *J Invest Dermatol*, 81(1 Suppl):121s–127s.

Lee, H. and Kimelman, D. (2002). A dominant-negative form of p63 is required for epidermal proliferation in zebrafish. *Dev Cell*, 2(5):607–616.

6 Referenzen

Lee, L. E., Clemons, J. H., Bechtel, D. G., Caldwell, S. J., Han, K. B., Pasitschniak-Arts, M., Mosser, D. D., and Bols, N. C. (1993). Development and characterization of a rainbow trout liver cell line expressing cytochrome p450-dependent monooxygenase activity. *Cell Biol Toxicol*, 9(3):279–294.

Lee, L. E. J., Dayeh, V. R., Schirmer, K., and Bols, N. C. (2009). Applications and potential uses of fish gill cell lines: examples with RTgill-W1. *In Vitro Cell Dev Biol Anim*, 45(3-4):127–134.

Leeb, C., Jurga, M., McGuckin, C., Forraz, N., Thallinger, C., Moriggl, R., and Kenner, L. (2011). New perspectives in stem cell research: beyond embryonic stem cells. *Cell Prolif*, 44 Suppl 1:9–14.

Lermen, D., Blömeke, B., Browne, R., Clarke, A., Dyce, P. W., Fixemer, T., Fuhr, G. R., Holt, W. V., Jewgenow, K., Lloyd, R. E., Lötters, S., Paulus, M., Reid, G. M., Rapoport, D. H., Rawson, D., Ringleb, J., Ryder, O. A., Spörl, G., Schmitt, T., Veith, M., and Müller, P. (2009). Cryobanking of viable biomaterials: implementation of new strategies for conservation purposes. *Mol Ecol*, 18(6):1030–1033.

Li, D.-Q., Chen, Z., Song, X. J., de Paiva, C. S., Kim, H.-S., and Pflugfelder, S. C. (2005). Partial enrichment of a population of human limbal epithelial cells with putative stem cell properties based on collagen type IV adhesiveness. *Exp Eye Res*, 80(4):581–590.

Linke, K., Schanz, J., Hansmann, J., Walles, T., Brunner, H., and Mertsching, H. (2007). Engineered liver-like tissue on a capillarized matrix for applied research. *Tissue Eng*, 13(11):2699–2707.

Lodish, H. Berk, A., Zipursky, S. L., Matsudaira, P., Baltimore, D., Darnell, J.E. (2001). Integration von Zellen in Geweben. In: Lodish, H., Berk, A., Zipursky, S. L., Matsudaira, P., Baltimore, D., Darnell, J.E. (Hrsg.): Molekulare Zellbiologie. 4. Aufl., 1046-1083. Spektrum Akademischer Verlag, Heidelberg.

Majo, F., Rochat, A., Nicolas, M., Jaoudé, G. A., and Barrandon, Y. (2008). Oligopotent stem cells are distributed throughout the mammalian ocular surface. *Nature*, 456(7219):250–254.

6 Referenzen

Maki, N., Suetsugu-Maki, R., Tarui, H., Agata, K., Rio-Tsonis, K. D., and Tsonis, P. A. (2009). Expression of stem cell pluripotency factors during regeneration in newts. *Dev Dyn*, 238(6):1613–1616.

Mani, S. A., Guo, W., Liao, M.-J., Eaton, E. N., Ayyanan, A., Zhou, A. Y., Brooks, M., Reinhard, F., Zhang, C. C., Shipitsin, M., Campbell, L. L., Polyak, K., Brisken, C., Yang, J., and Weinberg, R. A. (2008). The epithelial-mesenchymal transition generates cells with properties of stem cells. *Cell*, 133(4):704–715.

Mann, H. (1961). Die Bedeutung der Fischzucht in Deutschland. *Eur J Lipid Sci Technol*, 63:554–558.

Markl, J. and Franke, W. W. (1988). Localization of cytokeratins in tissues of the rainbow trout: fundamental differences in expression pattern between fish and higher vertebrates. *Differentiation*, 39(2):97–122.

Martin, G. R. (1981). Isolation of a pluripotent cell line from early mouse embryos cultured in medium conditioned by teratocarcinoma stem cells. *Proc Natl Acad Sci U S A*, 78(12):7634–7638.

Martin, G. R. and Evans, M. J. (1975). Differentiation of clonal lines of teratocarcinoma cells: formation of embryoid bodies in vitro. *Proc Natl Acad Sci U S A*, 72(4):1441–1445.

Martin, P. (1997). Wound healing–aiming for perfect skin regeneration. *Science*, 276(5309):75–81.

Matsumoto, S., Okumura, K., Ogata, A., Hisatomi, Y., Sato, A., Hattori, K., Matsumoto, M., Kaji, Y., Takahashi, M., Yamamoto, T., Nakamura, K., and Endo, F. (2007). Isolation of tissue progenitor cells from duct-ligated salivary glands of swine. *Cloning Stem Cells*, 9(2):176–190.

Mauger, P.-E., Labbé, C., Bobe, J., Cauty, C., Leguen, I., Baffet, G., and Bail, P.-Y. L. (2009). Characterization of goldfish fin cells in culture: some evidence of an epithelial cell profile. *Comp Biochem Physiol B Biochem Mol Biol*, 152(3):205–215.

6 Referenzen

McGaha, T. L., Phelps, R. G., Spiera, H., and Bona, C. (2002). Halofuginone, an inhibitor of type-I collagen synthesis and skin sclerosis, blocks transforming-growth-factor-beta-mediated Smad3 activation in fibroblasts. *J Invest Dermatol*, 118(3):461–470.

Mertsching, H., Weimer, M., Kersen, S., and Brunner, H. (2008). Human skin equivalent as an alternative to animal testing. *GMS Krankenhhyg Interdiszip*, 3(1):Doc11.

Michalopoulos, G. K. and DeFrances, M. C. (1997). Liver regeneration. *Science*, 276(5309):60–66.

Moll, I. (1991). Die Entwicklung der Epidermis vom Fisch zum Menschen. *Der Hautarzt*, 42:350–355.

Morasso, M. I. and Tomic-Canic, M. (2005). Epidermal stem cells: the cradle of epidermal determination, differentiation and wound healing. *Biol Cell*, 97(3):173–183.

Morris, R. J., Liu, Y., Marles, L., Yang, Z., Trempus, C., Li, S., Lin, J. S., Sawicki, J. A., and Cotsarelis, G. (2004). Capturing and profiling adult hair follicle stem cells. *Nat Biotechnol*, 22(4):411–417.

Nechiporuk, A. and Keating, M. T. (2002). A proliferation gradient between proximal and msxb-expressing distal blastema directs zebrafish fin regeneration. *Development*, 129(11):2607–2617.

Ossum, C., Hoffmann, E. K., Vijayan, M. M., Holt, S. E., and Bols, N. C. (2004). Characterization of a novel fibroblast-like cell line from rainbow trout and responses to sublethal anoxia. *J Fish Biol*, 64(4):1103–1116.

Pelgrom, S. M., Lamers, L. P., Lock, R. A., Balm, P. H., and Bonga, S. E. (1995). Interactions between copper and cadmium modify metal organ distribution in mature tilapia, Oreochromis mossambicus. *Environ Pollut*, 90(3):415–423.

Perán, M., Marchal, J. A., Rodríguez-Serrano, F., Alvarez, P., and Aránega, A. (2011). Transdifferentiation: why and how? *Cell Biol Int*, 35(4):373–379.

Peters, K., Kamp, G., Berz, A., Unger, R. E., Barth, S., Salamon, A., Rychly, J., and Kirkpatrick, C. J. (2009). Changes in human endothelial cell energy metabolic capacities during in vitro cultivation. the role of "aerobic glycolysis" and proliferation. *Cell Physiol Biochem*, 24(5-6):483–492.

Petschnik, A. E., Ciba, P., Kruse, C., and Danner, S. (2009). Controlling alpha-SMA expression in adult human pancreatic stem cells by soluble factors. *Ann Anat*, 191(1):116–125.

Petschnik, A. E., Fell, B., Tiede, S., Habermann, J. K., Pries, R., Kruse, C., and Danner, S. (2011). A novel xenogeneic co-culture system to examine neuronal differentiation capability of various adult human stem cells. *PLoS One*, 6(9):e24944.

Petschnik, A. E., Klatte, J. E., Evers, L. H., Kruse, C., Paus, R., and Danner, S. (2010). Phenotypic indications that human sweat glands are a rich source of nestin-positive stem cell populations. *Br J Dermatol*, 162(2):380–383.

Pittenger, M. F., Mackay, A. M., Beck, S. C., Jaiswal, R. K., Douglas, R., Mosca, J. D., Moorman, M. A., Simonetti, D. W., Craig, S., and Marshak, D. R. (1999). Multilineage potential of adult human mesenchymal stem cells. *Science*, 284(5411):143–147.

Ponec, M. (2002). Skin constructs for replacement of skin tissues for in vitro testing. *Adv Drug Deliv Rev*, 54 Suppl 1:S19–S30.

Ponec, M., Boelsma, E., Gibbs, S., and Mommaas, M. (2002). Characterization of reconstructed skin models. *Skin Pharmacol Appl Skin Physiol*, 15 Suppl 1:4–17.

Poss, K. D. (2010). Advances in understanding tissue regenerative capacity and mechanisms in animals. *Nat Rev Genet*, 11(10):710–722.

Poss, K. D., Keating, M. T., and Nechiporuk, A. (2003). Tales of regeneration in zebrafish. *Dev Dyn*, 226(2):202–210.

Pringle, S., Nanduri, L. S. Y., van der Zwaag, M., van Os, R., and Coppes, R. P. (2011). Isolation of mouse salivary gland stem cells. *J Vis Exp*, (48):2484.

Prockop, D. J. (2007). "stemness" does not explain the repair of many tissues by mesenchymal stem/multipotent stromal cells (mscs). *Clin Pharmacol Ther*, 82(3):241–243.

Proksch, E., Brandner, J. M., and Jensen, J.-M. (2008). The skin: an indispensable barrier. *Exp Dermatol*, 17(12):1063–1072.

Rakers, S., Gebert, M., Uppalapati, S., Meyer, W., Maderson, P., Sell, A. F., Kruse, C., and Paus, R. (2010). 'Fish matters': the relevance of fish skin biology to investigative dermatology. *Exp Dermatol*, 19(4):313–24.

Rakers, S., Klinger, M., Kruse, C., and Gebert, M. (2011). Pros and cons of fish skin cells in culture: Long-term full skin and short-term scale cell culture from rainbow trout, Oncorhynchus mykiss. *Eur J Cell Biol*, 90(12):1041-51.

Rapoport, D. H., Danner, S., and Kruse, C. (2009a). Glandular stem cells are a promising source for much more than beta-cell replacement. *Ann Anat*, 191(1):62–69.

Rapoport, D. H., Schicktanz, S., Gürleyik, E., Zühlke, C., and Kruse, C. (2009b). Isolation and in vitro cultivation turns cells from exocrine human pancreas into multipotent stem-cells. *Ann Anat*, 191(5):446–458.

6 Referenzen

Rotter, N., Oder, J., Schlenke, P., Lindner, U., Böhrnsen, F., Kramer, J., Rohwedel, J., Huss, R., Brandau, S., Wollenberg, B., and Lang, S. (2008). Isolation and characterization of adult stem cells from human salivary glands. *Stem Cells Dev*, 17(3):509–518.

Ryan, L., Seymour, C., and O'Neill-Mehlenbacher, A. (2008). Radiation-induced adaptive response in fish cell lines. *J Environ Radioact*, 99(4):739–747.

Schaffeld, M., Knappe, M., Hunzinger, C., and Markl, J. (2003). cDNA sequences of the authentic keratins 8 and 18 in zebrafish. *Differentiation*, 71(1):73–82.

Schaffeld, M. and Markl, J. (2004). Fish keratins. *Methods Cell Biol*, 78:627–671.

Scheithauer, M. and Riechelmann, H. (2003). Review part I: basic mechanisms of cutaneous woundhealing. *Laryngorhinootologie*, 82(1):31–35.

Schirmer, K. (2006). Proposal to improve vertebrate cell cultures to establish them as substitutes for the regulatory testing of chemicals and effluents using fish. *Toxicology*, 224(3):163–183.

Schirmer, K., Tanneberger, K., Kramer, N. I., Völker, D., Scholz, S., Hafner, C., Lee, L. E. J., Bols, N. C., and Hermens, J. L. M. (2008). Developing a list of reference chemicals for testing alternatives to whole fish toxicity tests. *Aquat Toxicol*, 90(2):128–137.

Schliemann, H. (2004). Integument und Anhangsorgane. In: Westheide, W. und Rieger, R. (Hrsg.): Spezielle Zoologie. Teil 2: Wirbel- oder Schädeltiere. 14-30. Spektrum Akademischer Verlag, Heidelberg.

Schultze, H.-P. (2004). Gnathostomata, Kiefermünder. In: Westheide, W. und Rieger, R. (Hrsg.): Spezielle Zoologie. Teil 2: Wirbel- oder Schädeltiere. 195-198. Spektrum Akademischer Verlag, Heidelberg.

6 Referenzen

Seeberger, K. L., Dufour, J. M., Shapiro, A. M. J., Lakey, J. R. T., Rajotte, R. V., and Korbutt, G. S. (2006). Expansion of mesenchymal stem cells from human pancreatic ductal epithelium. *Lab Invest*, 86(2):141–153.

Segner, H. (1998). Fish cell lines as a tool in aquatic toxicology. In: Braunbeck, T, Hinton, D. E., and Streit, B. (Eds.): Fish Ecotoxicology, 1-38. Birkhäuser Verlag, Basel.

Segner, H. (2004). Cytotoxicity assays with fish cells as an alternative to the acute lethality test with fish. *Altern Lab Anim*, 32(4):375–382.

Seluanov, A., Hine, C., Bozzella, M., Hall, A., Sasahara, T. H., Ribeiro, A. A., Catania, K. C., Presgraves, D., C., Gorbunova, V. (2008). Distinct tumor suppressor mechnisms evolve in rodent species that differ in size and lifespan.*Aging Cell*, 7(6):813-23.

Semlin, L., Schäfer-Korting, M., Borelli, C., and Korting, H. C. (2011). In vitro models for human skin disease. *Drug Discov Today*, 16(3-4):132–139.

Servili, A., Bufalino, M. R., Nishikawa, R., de Melo, I. S., Muñoz-Cueto, J. A., and Lee, L. E. J. (2009). Establishment of long term cultures of neural stem cells from adult sea bass, Dicentrarchus labrax. *Comp Biochem Physiol A Mol Integr Physiol*, 152(2):245–254.

Sharpe, P. T. (2001). Fish scale development: Hair today, teeth and scales yesterday? *Curr Biol*, 11(18):R751–R752.

Silphaduang, U., Colorni, A., and Noga, E. J. (2006). Evidence for widespread distribution of piscidin antimicrobial peptides in teleost fish. *Dis Aquat Organ*, 72(3):241–252.

Sire, J. Y. (1989). The same cell lineage is involved in scale formation and regeneration in the teleost fish Hemichromis bimaculatus. *Tissue Cell*, 21(3):447–462.

6 Referenzen

Sire, J.-Y. and Akimenko, M.-A. (2004). Scale development in fish: a review, with description of sonic hedgehog (shh) expression in the zebrafish (Danio rerio). *Int J Dev Biol*, 48(2-3):233–247.

Sire, J. Y., Allizard, F., Babiar, O., Bourguignon, J., and Quilhac, A. (1997). Scale development in zebrafish (Danio rerio). *J Anat*, 190 (Pt 4):545–561.

Solter, D. (2006). From teratocarcinomas to embryonic stem cells and beyond: a history of embryonic stem cell research. *Nat Rev Genet*, 7(4):319–327.

Spangenberg, R. (1999). Prüfung der Auswirkungen von Kupfer auf Wasserorganismen. Pflanzenschutz im ökologischen Landbau - Probleme und Lösungsansätze. *Berichte aus der Biologischen Bundesanstalt für Land- und Forstwirtschaft*, 53:44–54.

Stagg, R. and Shuttleworth, T. (1982). The effects of copper on inonic regulation by the gills of the seawater-adapted flounder (Pltichthys flesus L.). *J.Comp.Physiol.*, 49:83–90.

Stephens, M. L. and Ward, S. L. (2010). Alttox.org: Connecting stakeholders on issues concerning non-animal methods of toxicity testing. *ALTEX*, 27:137–140.

Suva, D., Garavaglia, G., Menetrey, J., Chapuis, B., Hoffmeyer, P., Bernheim, L., and Kindler, V. (2004). Non-hematopoietic human bone marrow contains long-lasting, pluripotential mesenchymal stem cells. *J Cell Physiol*, 198(1):110–118.

Takagi, Y. and Ura, K. (2007). Teleost fish scales: a unique biological model for the fabrication of materials for corneal stroma regeneration. *J Nanosci Nanotechnol*, 7(3):757–762.

Takahashi, K., Okita, K., Nakagawa, M., and Yamanaka, S. (2007). Induction of pluripotent stem cells from fibroblast cultures. *Nat Protoc*, 2(12):3081–3089.

Takahashi, K. and Yamanaka, S. (2006). Induction of pluripotent stem cells from mouse embryonic and adult fibroblast cultures by defined factors. *Cell*, 126(4):663–676.

Tanaka, E. M. (2003). Cell differentiation and cell fate during urodele tail and limb regeneration. *Curr Opin Genet Dev*, 13(5):497–501.

Tanneberger, K., Rico-Rico, A., Kramer, N. I., Busser, F. J. M., Hermens, J. L. M., and Schirmer, K. (2010). Effects of solvents and dosing procedure on chemical toxicity in cell-based in vitro assays. *Environ Sci Technol*, 44(12):4775–4781.

Tattersall, I. (2009). Human origins: Out of Africa. *Proc Natl Acad Sci U S A*, 106(38):16018–16021.

Thiery, J. P. and Sleeman, J. P. (2006). Complex networks orchestrate epithelial-mesenchymal transitions. *Nat Rev Mol Cell Biol*, 7(2):131–142.

Thomson, J. A., Itskovitz-Eldor, J., Shapiro, S. S., Waknitz, M. A., Swiergiel, J. J., Marshall, V. S., and Jones, J. M. (1998). Embryonic stem cell lines derived from human blastocysts. *Science*, 282(5391):1145–1147.

Tiede, S., Kloepper, J. E., Bodò, E., Tiwari, S., Kruse, C., and Paus, R. (2007). Hair follicle stem cells: walking the maze. *Eur J Cell Biol*, 86(7):355–376.

Toma, J. G., Akhavan, M., Fernandes, K. J., Barnabé-Heider, F., Sadikot, A., Kaplan, D. R., and Miller, F. D. (2001). Isolation of multipotent adult stem cells from the dermis of mammalian skin. *Nat Cell Biol*, 3(9):778–784.

Toma, J. G., McKenzie, I. A., Bagli, D., and Miller, F. D. (2005). Isolation and characterization of multipotent skin-derived precursors from human skin. *Stem Cells*, 23(6):727–737.

Townson, D. H., Putnam, A. N., Sullivan, B. T., Guo, L., and Irving-Rodgers, H. F. (2010). Expression and distribution of cytokeratin 8/18 intermediate filaments in bovine antral follicles and corpus luteum: an intrinsic mechanism of resistance to apoptosis? *Histol Histopathol*, 25(7):889–900.

Tschentscher, P., Wagener, C., and Neumaier, M. (1997). Sensitive and specific cytokeratin 18 reverse transcription-polymerase chain reaction that excludes amplification of processed pseudogenes from contaminating genomic DNA. *Clin Chem*, 43(12):2244–2250.

Tsugawa, K. and Lagerspetz, K. (1990). Direct adaption of cells to temperature: membrane fluidity of goldfish cells cultured in vitro at different temperatures. *Comp.Biochem.Physiol.*, 96A:57–60.

Tumbar, T., Guasch, G., Greco, V., Blanpain, C., Lowry, W. E., Rendl, M., and Fuchs, E. (2004). Defining the epithelial stem cell niche in skin. *Science*, 303(5656):359–363.

Villarroel, F., Bastías, A., Casado, A., Amthauer, R., and Concha, M. I. (2007). Apolipoprotein A-I, an antimicrobial protein in Oncorhynchus mykiss: Evaluation of its expression in primary defence barriers and plasma levels in sick and healthy fish. *Fish Shellfish Immunol*, 23(1):197–209.

Wakamatsu, Y., Ozato, K., and Sasado, T. (1994). Establishment of a pluripotent cell line derived from a medaka (Oryzias latipes) blastula embryo. *Mol Mar Biol Biotechnol*, 3(4):185–191.

Walles, T., Weimer, M., Linke, K., Michaelis, J., and Mertsching, H. (2007). The potential of bioartificial tissues in oncology research and treatment. *Onkologie*, 30(7):388–394.

Wang, Y., lu Zhang, C., Zhang, Q., and Li, P. (2011). Composite electrospun nanomembranes of fish scale collagen peptides/chito-oligosaccharides: antibacterial properties and potential for wound dressing. *Int J Nanomedicine*, 6:667–676.

Watt, F. M. and Driskell, R. R. (2010). The therapeutic potential of stem cells. *Philos Trans R Soc Lond B Biol Sci*, 365(1537):155–163.

Webb, A. E., Driever, W., and Kimelman, D. (2008). psoriasis regulates epidermal development in zebrafish. *Dev Dyn*, 237(4):1153–1164.

Webb, A. E. and Kimelman, D. (2005). Analysis of early epidermal development in zebrafish. *Methods Mol Biol*, 289:137–146.

Weissman, I. L. (2000). Stem cells: units of development, units of regeneration, and units in evolution. *Cell*, 100(1):157–168.

Werner, S., Krieg, T., and Smola, H. (2007). Keratinocyte-fibroblast interactions in wound healing. *J Invest Dermatol*, 127(5):998–1008.

Westheide, W. and Rieger, R. (2004). Hartsubstanzen des Integuments. In: Westheide, W. und Rieger, R. (Hrsg.): Spezielle Zoologie. Teil 2: Wirbel- oder Schädeltiere. 21-27. Spektrum Akademischer Verlag, Heidelberg.

Whitear, M. (1986). The skin of fishes including cyclostomes – epidermis. In: Whitear, M (Ed.): Biology of the integument. 8–38. Springer-Verlag, Heidelberg.

Whitehead, G. G., Makino, S., Lien, C.-L., and Keating, M. T. (2005). fgf20 is essential for initiating zebrafish fin regeneration. *Science*, 310(5756):1957–1960.

Wilkening, S. and Bader, A. (2003). Influence of culture time on the expression of drug-metabolizing enzymes in primary human hepatocytes and hepatoma cell line HepG2. *J Biochem Mol Toxicol*, 17(4):207-213.

Wolf, K. and Quimby, M. C. (1962). Established eurythermic line of fish cells in vitro. *Science*, 135:1065–1066.

Wu, P., Hou, L., Plikus, M., Hughes, M., Scehnet, J., Suksaweang, S., Widelitz, R., Jiang, T.-X., and Chuong, C.-M. (2004). Evo-devo of amniote integuments and appendages. *Int J Dev Biol*, 48(2-3):249–270.

Xu, H., Li, M., Gui, J., and Hong, Y. (2010). Fish germ cells. *Science China*, 53(4):435–446.

Yang, L., Kemadjou, J. R., Zinsmeister, C., Bauer, M., Legradi, J., Müller, F., Pankratz, M., Jäkel, J., and Strähle, U. (2007). Transcriptional profiling reveals barcode-like toxicogenomic responses in the zebrafish embryo. *Genome Biol*, 8(10):R227.

Yoshizaki, G., Takeuchi, Y., Sakatani, S., and Takeuchi, T. (2000). Germ cell-specific expression of green fluorescent protein in transgenic rainbow trout under control of the rainbow trout vasa-like gene promoter. *Int J Dev Biol*, 44(3):323–326.

Young, H. E., Mancini, M. L., Wright, R. P., Smith, J. C., Black, A. C., Reagan, C. R., and Lucas, P. A. (1995). Mesenchymal stem cells reside within the connective tissues of many organs. *Dev Dyn*, 202(2):137–144.

Yu, J., Vodyanik, M. A., Smuga-Otto, K., Antosiewicz-Bourget, J., Frane, J. L., Tian, S., Nie, J., Jonsdottir, G. A., Ruotti, V., Stewart, R., Slukvin, I. I., and Thomson, J. A. (2007). Induced pluripotent stem cell lines derived from human somatic cells. *Science*, 318(5858):1917–1920.

Zachar, V., Rasmussen, J. G., and Fink, T. (2011). Isolation and growth of adipose tissue-derived stem cells. *Methods Mol Biol*, 698:37–49.

Zhao, C., Deng, W., and Gage, F. H. (2008). Mechanisms and functional implications of adult neurogenesis. *Cell*, 132(4):645–660.

Zhu, X.-Q., Pan, X.-H., Wang, W., Chen, Q., Pang, R.-Q., Cai, X.-M., Hoffman, A. R., and Hu, J.-F. (2010). Transient in vitro epigenetic reprogramming of skin fibroblasts into multipotent cells. *Biomaterials*, 31(10):2779–2787.

Zouboulis, C. C., Adjaye, J., Akamatsu, H., Moe-Behrens, G., and Niemann, C. (2008). Human skin stem cells and the ageing process. *Exp Gerontol*, 43(11):986–997.

Zuk, P. A., Zhu, M., Ashjian, P., Ugarte, D. A. D., Huang, J. I., Mizuno, H., Alfonso, Z. C., Fraser, J. K., Benhaim, P., and Hedrick, M. H. (2002). Human adipose tissue is a source of multipotent stem cells. *Mol Biol Cell*, 13(12):4279–4295.

Bildnachweise

bbe-moldaenke: http://www.bbe-moldaenke.de/typo3temp/pics/582c8ba360.jpg (Tag des Zugriffs: 02.01.2012).

Hydrotox GmbH: http://www.hydrotox.de/jpg/Fischei_5.jpg und http://www.hydrotox.de/jpg/Fischei_6.jpg (Tag des Zugriffs: 02.01.2012).

Winslow, T. and Kibiuk, L. (2001). Figure 4.1. Distinguishing Features of Progenitor/Precursor Cells and Stem Cells. In: 4. The Adult Stem Cell. In: Stem Cell Information [World Wide Web Site]. Bethesda, MD: National Institutes of Health, U.S. Department of Health and Human Services, 2009. stemcells.nih.gov/info/scireport/chapter4.asp (Tag des Zugriffs: 02.01.2012).

7 Anhang

7.1 Ergänzende Tabellen und Abbildungen zum Ergebnisteil

Tabelle 7.1 | In der Fraunhofer EMB etablierte Zellkulturen und gelagerte Zellen aus verschiedenen Fischarten.

Spezies		Etablierte Zellkultur[1]		
Umgangssprachlicher Name	Wissenschaftlicher Name	Tier, Organe	Name	Referenz
Sibirischer Stör	Acipenser baerii	Larve, Kopfniere	ABAnie 1b	Ciba et al. 2008
Atlantischer Stör	Acipenser oxyrinchus oxyrinchus	Larve, Pankreas, Gehirn, Körper*, Herz	AOXpan 2y	Rakers et al. (in Vorbereitung)
Hering	Clupea harengus	Pylorus	CHApyl 1b	Langner et al. 2010
Regenbogenforelle	Oncorhynchus mykiss	Larve, Haut, Gehirn, Körper*, Leber, Kopfniere, Hypophyse, Gonaden	OMYsd 1x	Rakers et al. 2011
Maräne	Coregonus maxillaris	Larve	-	-
Wels	Silurus glanis	Juvenil	-	-
Europäischer Aal	Anguilla anguilla	Juvenil	-	-
Stöcker	Trachurus trachurus	Haut	-	-
Meerforelle	Salmo trutta fario	Larve	-	-
Zebrafisch	Danio rerio	Juvenil	-	-
Atlantischer Lachs	Salmo salar	Larve	-	-

* Körper entspricht einem Gemisch aus Muskel- und Hautgewebe, welches im Ganzen präpariert wurde. [1]Zellen, die als Zellkultur noch nicht etabliert und beschrieben sind, aber in mindestens fünf Passagen im Cryo-Brehm gelagert sind,

8 Sonstiges

wurden ebenfalls aufgeführt. Organe etablierter Zellkulturen, die in eigenen Veröffentlichungen beschrieben wurden, sind rot markiert, in blau die weiteren vom Autor etablierten, bislang unveröffentlichten Zellkulturen.

Tabelle 7.2 | Übersicht über verwendete Antikörper für Detektionen an Gewebeschnitten, Schuppenzellen und den Vollhautzellen OMYsd1x.

Anti-körper	Marker von	Klonalität	Firma	Immunreaktivität im Gewebe			Immunreaktivität in Zellkultur	
				Epidermis	Dermis	Muskel	OMYsd1x	Schuppen
Aktin	Muskulatur	Maus monoklonal	Sigma	+	+	+	++	++
Alpha-SMA	Muskulatur	Kaninchen polyklonal	Abcam	o	o	o	+	-
CK7	Epithelien	Kaninchen polyklonal	abcam	-	+	-	-	-
CK18	Epithelium, filaments	Maus monoklonal	Santa Cruz	+	++	-	++	++
Kollagen Typ 1	Sekret, mesodermale Strukturen (Knorpel)	Kaninchen polyklonal	antikörper-online	-	++	-	+	-
Vigillin	Zytoplasma, Translation	Kaninchen polyklonal	Charli Kruse, Lübeck	++	-	-	+	+
Vimentin	Mesenchymale Zellen	Maus monoklonal	Dako	o	o	o	+	-
Vinculin	Skelettmuskel	Maus monoklonal	Sigma	+	-[1]	-	+	-

Immunreaktivität bezieht sich auf die Intensität der Immunfluoreszenzfärbung, stellvertretend gilt ++ = hohe Intensität, + = mittlere Intensität, - = keine Färbung und o = nicht getestet. [1] Vinculin wurde entlang der Schuppen detektiert.

8 Sonstiges

Tabelle 7.3 | Auflistung der RNA-Konzentrationen und 260/280 Ratio sowie der Konzentration der genomischen DNA von Regenbogenforellenhaut und verschiedenen Passagen der Zelllinie OMYsd1x. Es wurde stets eine Konzentration von >100ng/µl für die weiteren Messungen herangezogen. Die Werte für die 260/280 Ratio liegen alle zwischen 1,8 und 2,2 und weisen somit eine hohe Reinheit auf.

Organ/Zelllinie	ng/µl	260/280
OMY Haut I	241,7	1,82
OMY Haut II	195,6	1,83
OMYsd1xP6 I	150,4	2,17
OMYsd1xP6 II	140,2	2,20
OMYsd1xP6 III	394,0	2,10
OMYsd1xP15	650,7	2,13
OMYsd1x P19	2123,7	2,11
OMYsd1xP21	1613,0	2,12
OMYsd1xP22 I	545,3	2,15
OMYsd1xP22 II	937,0	2,13
genomische DNA	491,0	

8 Sonstiges

Tabelle 7.4 | Berechnung der Differenz der Zellindizes aus Maximum nach 10 d und Minimum nach 2 d.

Eingesäte Zellzahl	2d	10 d	Differenz
4×10^4	3,5	5,2	2,7
2×10^4	2,2	5,9	3,7
1×10^4	1,4	4,4	3,0
$0,5 \times 10^4$	0,8	2,0	1,2
$2,5 \times 10^3$	0,3	0,9	0,6

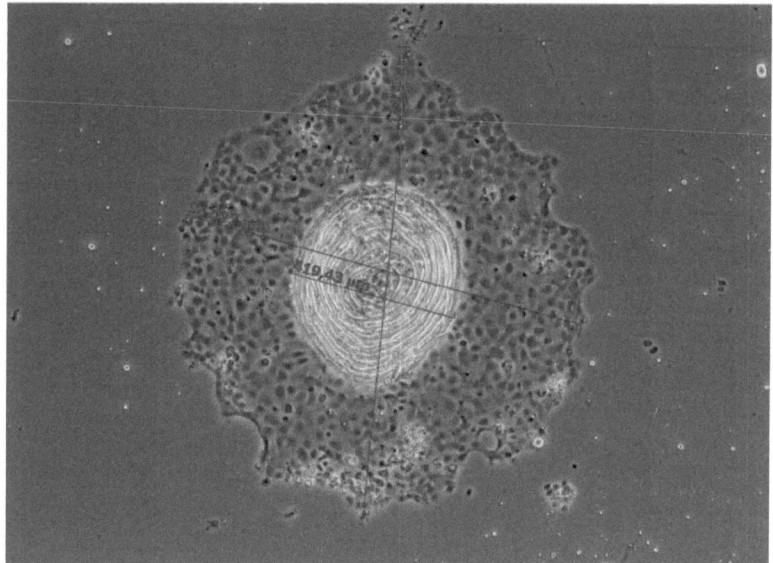

Abbildung 7.1 | Zeitrafferaufnahme von Zellauswüchsen einer explantierten Regenbogenforellen-Schuppe. Die Aufnahme entstand 40 Stunden nach der Explantierung, bei der ein Maximum der Zellfläche gefunden wurde. Die Abmessungen wurden mit der Software AxioVision 4.8 eingezeichnet.

8 Sonstiges

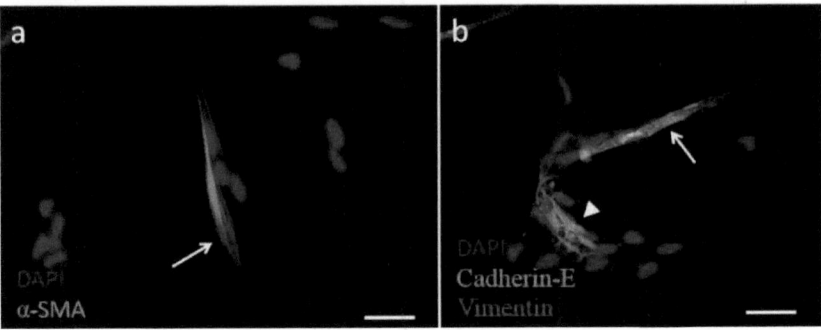

Abbildung 7.2 | Mikroskopische Aufnahmen der Immunfluoreszenz von OMYsd –Zellen der Passage 18. a) zeigt den immunzytochemischen Nachweis von glattem Muskelaktin (alpha-SMA). Eine Zelle ist positiv für alpha-SMA (Pfeil). b) Nachweis von Vimentin und Cadherin-E in den Zellen. Cadherin-E ist vor allem an den Zwischenräumen von Zellkernen zu sehen (Pfeil), Vimentin besonders stark in gehäuften Zellformationen (Pfeilspitze). Größenbalken entsprechen 20 µm.

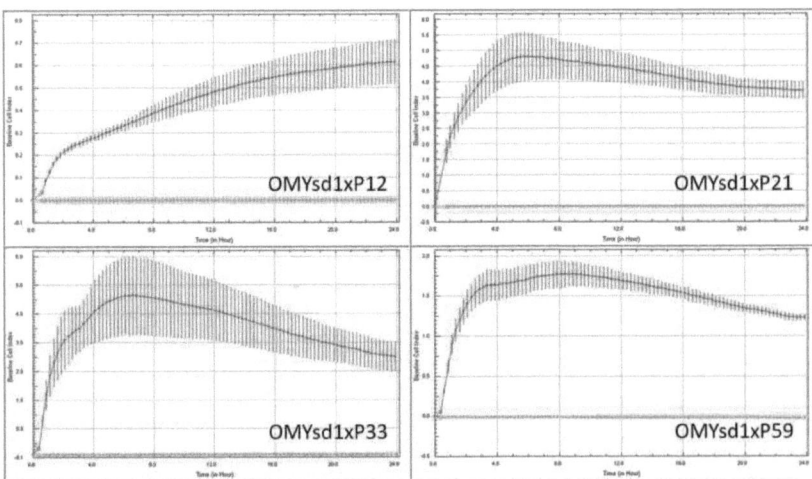

Abbildung 7.3 | Wachstumskinetiken verschiedener Passagen von OMYsd1x – Zellen gemessen am xCELLigence RTCA System. Pro well (Fläche: 0,31 cm²) wurden 1×10^4 Zellen ausgesät.

7.2 Filme

Alle Filme im avi/wmv.-Format befinden sich im Archiv des Autors.

Film 1 | Zeitrafferaufnahme von Zellauswüchsen einer explantierten Regenbogenforellen-Schuppe. Dauer der Aufnahme: 3 Tage. Dauer des Films: 1:20 min.

Film 2 | Zeitrafferaufnahme der organoiden Körper-Bildung von Haut-abgeleiteten Zellen der Regenbogenforelle. Dauer der Aufnahme: 5 Tage. Dauer des Films: 0:44 min.

Film 3 | Zeitrafferaufnahme nach Zugabe von Kupfersulfat ($CuSO_4$) zu einem konfluenten Zellrasen von Haut-abgeleiteten Zellen der Regenbogenforelle. Dauer der Aufnahme: 2 Tage. Dauer des Films: 0:25 min.

8 Sonstiges

7.3 Abbildungsverzeichnis

Abbildung 2.1 | Diversität der Vertebraten. 11

Abbildung 2.2 | Hautentwicklung beim Zebrafisch. 16

Abbildung 2.3 | Hautmodelle von Mensch und Fisch. 20

Abbildung 2.4 | Unterscheidungen zwischen Stamm- und Progenitorzellen. 24

Abbildung 2.5 | Ursprung der Stammzellen. 26

Abbildung 2.6 | Die Stammzellnische. 30

Abbildung 2.7 | Toxizitätstests in der Gewässerüberwachung. 35

Abbildung 2.8 | Humane 3D Hautmodelle für den Einsatz in der klinischen Forschung.. 41

Abbildung 3.1 | Nucleocassette zur Messung von Zellzahlen. 68

Abbildung 3.2 | Prinzip der *xCELLigence® RTCA* – Messungen. 73

Abbildung 3.3 | Stoffabhängige mögliche Kurvenverläufe am xCELLigence® RTCA, bedingt durch Zugabe von Toxinen. 75

Abbildung 4.1 | Morphologie von Schuppenzellen der Regenbogenforelle (Oncorhynchus mykiss) in der Primärkultur. 94

Abbildung 4.2 | Elektronenmikroskopische Aufnahmen einer Regenbogenforellenschuppe. 95

Abbildung 4.3 | Zeitrafferaufnahmen von Zellauswüchsen einer explantierten Regenbogenforellen-Schuppe über eine Dauer von 54 h. 97

Abbildung 4.4 | Morphologie der *Oncorhynchus mykiss* Vollhaut 1 Explant (OMYsd1x) – Zellen in unterschiedlichen Passagen *in vitro*. 99

Abbildung 4.5 | Wachstumskurven von OMYsd1x – Zellen der Passagen 12 und 19. 101

Abbildung 4.6 | Wachstumskurven der Langzeit-Zellkultur OMYsd1x der Passage 12 mit unterschiedlichen Einsaatdichten (a) und unterschiedlichen Medien (b). 103

Abbildung 4.7 | Wachstumskurven der Langzeit-Zellkultur OMYsd1x der Passage 37 mit unterschiedlichen Medien und FKS-Konzentrationen. 106

Abbildung 4.8 | Histologische Färbungen von Kryoschnitten der Regenbogenforellenhaut (*O. mykiss*). 109

8 Sonstiges

Abbildung 4.9 | PAS-Färbungen a) bei Vollhaut *in vivo*, b) bei Schuppenauswüchsen und c) bei OMYsd1x – Zellen der Passage 46 *in vitro*. 110

Abbildung 4.10 | Nachweis der Expression von elfa (a) , Zytokeratin 18 (b), Vinculin (c) und Kollagen Typ 1 (d) in der Schuppen-Primärkultur und in verschiedenen Passagen der Langzeit-Zellkultur OMYsd1x. 112

Abbildung 4.11 | Immunfluoreszenz-Färbungen von Regenbogenforellenhaut (a, d, g, k), primären Schuppenzellkulturen (b, e, h, l) und OMYsd1x–Zellen (c, f, i, m). 115

Abbildung 4.12 | Proliferationsanalyse von Fischzellen mittels Färbung von Ki67 und dem EdU-Assay. 117

Abbildung 4.13 | Immunfluoreszenz-Färbungen von OMYsd –Zellen aus Explanten in der Primärkultur (P0). 118

Abbildung 4.14 | Langzeitkultivierung von OMYsd1x – Zellen - Bildung eines Häutchens. 119

Abbildung 4.15 | Langzeitkultivierung von OMYsd1x – Zellen - Bildung von 3-dimensionalen Strukturen. 120

Abbildung 4.16 | Immunfluoreszenz-Färbungen von OMYsd1x - OB- Kryoschnitten. 121

Abbildung 4.17 | Nanopartikel auf Fischzellkulturen. 122

Abbildung 4.18 | Mikromanipulation. 123

Abbildung 4.19 | Schuppenintegration I 124

Abbildung 4.20 | Schuppenintegration II 125

Abbildung 4.21 | Effekt von Kupfersulfat ($CuSO_4$) auf OMYsd1x – Zellen der Passage 24. 127

Abbildung 4.22 | Effekt von $CuSO_4$ auf CEsd8b – Zellen der Passage 20. 129

Abbildung 4.23 | Effekt von $CuSO_4$ auf RAsd85b – Zellen der Passage 8. 130

Abbildung 4.24 | Effekt von $CuSO_4$ auf NIH 3T3 – Zellen der Passage 43. 131

Abbildung 4.25 | Dosis-Wirkungskurven und EC_{50} - Werte nach Zugabe von $CuSO_4$ zu OMYsd1x – Zellen der Passage 24. 132

Abbildung 4.26 | Dosis-Wirkungskurven und EC_{50} - Werte der getesteten Zellkulturen zu verschiedenen Zeitpunkten. 134

8 Sonstiges

Abbildung 4.27 | Zeitraffer-Aufnahmen von OMYsd1x –Zellen der Passage 32 nach Zugabe von 0,2 mg / ml Kupfersulfat. 135

Abbildung 5.1 | Szenario einer möglichen epithelialen Zellplastizität der *in vitro* Kultur von Regenbogenforellen-Hautzellen im Zuge der epithelialen-mesenchymalen-Transition (EMT). 153

Abbildung 5.2 | Artifizielles Fischhautmodell. 159

Abbildung 7.1 | Zeitrafferaufnahme von Zellauswüchsen einer explantierten Regenbogenforellen-Schuppe. 199

Abbildung 7.2 | Mikroskopische Aufnahmen der Immunfluoreszenz von OMYsd –Zellen der Passage 18.. 200

Abbildung 7.3 | Wachstumskinetiken verschiedener Passagen von OMYsd1x – Zellen gemessen am xCELLigence RTCA System. 200

7.4 Tabellenverzeichnis

Tabelle 3.1 | Chemikalien, Kits und Substanzen 45

Tabelle 3.2 | Arbeitslösungen. 50

Tabelle 3.3 | Analysierte mRNAs. 54

Tabelle 3.4 | Verwendete Primärantikörper bei der qualitativen Immunchemie. 55

Tabelle 3.5 | Verwendete Sekundärantikörper bei der qualitativen Immunchemie. 55

Tabelle 3.6 | Verwendung von Medium, PBS, Trypsin und Einfriermedium (EM) je Flaschen- oder Schalengröße. 66

Tabelle 3.7 | Arbeitsschritte im Einbettautomaten 78

Tabelle 3.8 | Arbeitsschritte der HE-Färbung 80

Tabelle 3.9 | Arbeitsschritte der AFG-Färbung 81

Tabelle 3.10 | Arbeitsschritte der PAS-Färbung 82

Tabelle 3.11 | Arbeitsschritte der EvG-Färbung 83

Tabelle 4.1 | Viabilitätsbestimmung anhand der Passage 29 der Langzeit-Zellkultur 107

Tabelle 7.1 | In der Fraunhofer EMB etablierte Zellkulturen und gelagerte Zellen aus verschiedenen Fischarten. 196

Tabelle 7.2 | Übersicht über verwendete Antikörper für Detektionen an Gewebeschnitten, Schuppenzellen und den Vollhautzellen OMYsd1x. 197

Tabelle 7.3 | Auflistung der RNA-Konzentrationen und 260/280 Ratio sowie der Konzentration der genomischen DNA von Regenbogenforellenhaut und verschiedenen Passagen der Zelllinie OMYsd1x. 198

Tabelle 7.4 | Berechnung der Differenz der Zellindizes aus Maximum nach 10 d und Minimum nach 2 d.199

7.5 Abkürzungsverzeichnis

AFG	Aldehydfuchsin-Goldner
AMPs	antimikrobielle Peptide
ATCC	*American Type Culture Collection*
bp	Basenpaare
cDNA	*complementary DNA*
CEsd8b	humane Vollhaut 8 Kollagenaseverdau
CI	*cell index*
CK	*cytokeratin*
c-Myc	*myelocytomatosis transcription factor*
$CuSO_4$	Kupfersulfat
Cy3	Cyanin 3
DAPI	4',6-Diamidin-2'-phenylindoldihydrochlorid
DC	*differentiated cell*
DIN	Deutsches Institut für Normung
DMEM	*Dulbecco's Modified Eagle Medium*
DNA	*Deoxyribonucleic acid*
EC_{50}	*effect concentration 50%*
ECACC	*European Collection of Cell Cultures*
EdU	5-ethynyl-2´-deoxyuridine
EGF	*Epithelial Growth Factor*

8 Sonstiges

EK-Zellen	embryonale Keimzellen
elfa	*elongation factor 1-alpha*
ELISA	*Enzyme-linked Immunosorbent Assay*
EMT	*epithelial-mesenchymal transition*
Epi-SZ	Epiblasten-Stammzellen
ESC	*embryonic stem cell*
ES-Zellen	embryonale Stammzellen
EvG	Elastika von Gieson
EZM	Extrazelluläre Matrix
FACS	*Fluorescence-activated Cell Sorting*
FITC	Fluorescin-Isothiocyanat
FKS	fetales Kälberserum
gDNA	genomische DNA
h	Stunden
hESC	*human embryonic stem cell*
IC_{50}	*Inhibitory concentration 50*
IHN	*infectious hematopoietic necrosis*
IPN	*infectious pancreatic necrosis*
iPS	induzierte pluripotente Stammzelle
IZM	innere Zellmasse
KGF	*keratinocyte growth factor*
Klf-4	*Krüppel-Like Factor 4*

8 Sonstiges

LC$_{50}$	*lethal concentration 50%*
LD$_{50}$	*lethal dosis 50%*
LSM	Laser-Scanning-Mikroskop
MCH	*Melanin concentrating hormone*
mRNA	*messenger RNA*
NIH-3T3	*National Institute of Health* – 3T3 Mausembryo
OB	*organoid body*
Oct3/4	*Octamer-binding Transcription factor 3 and 4*
OECD	*Organisation for Economic Co-operation and Development*
OMYsd1x	*Oncorhynchus mykiss* Vollhaut 1 Explant
P	Passage
PAS	*Periodic Acid Schiff*
PGCs	*primordial germ cells*
RAsd85b	Rattenvollhaut 85 Kollagenaseverdau
REACH	*Registration, Evaluation, Authorisation of Chemicals*
RT-PCR	*Reverse-Transkriptase Protein Chain Reaction*
SCs	*stem cells*
Sox2	*SRY (Sex determining Region Y) - Box 2*
TGF-ß	*transforming growth factor beta*
VHS	*viral hemorrhagic septicemia*
WME	*William's Medium E*

8 Sonstiges

xCELLigence® RTCA	*xCELLigence® Real-Time Cell Analysis*
ZNS	Zentralnervensystem

8 Sonstiges

8.1 Wissenschaftliche Publikationen

Artikel *peer-reviewed*:

Neumann, H., Reiss, H., **Rakers, S.**, Ehrich, S. and Kröncke, I. (**2009**). Temporal variability in southern North Sea epifauna communities after the cold winter of 1995/1996. – *ICES Journal of Marine Science*, 66:2233-2243.

Grunow, B., Ciba, P., **Rakers, S.**, Klinger, M., Anders, E., and Kruse, C. (**2010**). In vitro expansion of autonomously contracting, cardiomyogenic structures from rainbow trout, Oncorhynchus mykiss. *J Fish Biol*, 76:427-434.

Rakers, S., Gebert, M., Uppalapati, S., Meyer, W., Maderson, P., Sell, A. F., Kruse, C., and Paus, R. (**2010**). 'Fish matters': the relevance of fish skin biology to investigative dermatology. *Exp Dermatol*, 19(4):313–24. Review.

Langner, S., **Rakers, S.**, Ciba, P., Petschnik, A. E., Rapoport, D. H. and Kruse, C. (**2011**). Long-term culture and cryopreservation of cells from adipopancreatic tissue of Atlantic herring (Clupea harengus) - Establishing an Atlantic herring cell culture. *Aquat Biol*, 11:271-278.

Rakers, S., Klinger, M., Kruse, C. and Gebert, M. (**2011**). Pros and cons of fish skin cells in culture: Long-term full skin and short-term scale cell culture from rainbow trout, Oncorhynchus mykiss. *Eur J Cell Biol*, 90(12):1041-51.

➔ *Teile dieser Dissertation wurden in dieser Publikation vorab veröffentlicht.*

Rakers, S., Niklasson, L., Steinhagen, D., Kruse, C., Schauber, J. and Paus, R. Antimcrobial peptides (AMPs) from fish epidermis: Perspectives for investigative dermatology. *In preparation*.

Weitere Artikel:

Rakers, S., Grunow, B., Gebert, M. and Kruse, C. (2009). Fish cells grown in vitro are able to build organoid-like bodies and can be used for 3D-cell cultures. European Aquaculture Society, *Special publication at Aquaculture Europe Conference*, 507-508.

Posterpräsentationen:

Gebert, M., Rakers, S., Grunow, B. und Kruse C. Fraunhofer Einrichtung für Marine Biotechnologie – Aquakultur trifft Zellkultur. *"Neues aus dem Meer"*, Juli 2009, Büsum.

Rakers, S., Grunow, B., Gebert, M., and Kruse C. Fish Cells grown *in vitro* are able to build Organoid-Like Bodies and can be used for 3D-Cell Cultures. *Aquaculture Europe,* August 2009, Trondheim (Norwegen).

Rakers, S., Grunow, B., Gebert, M. and Kruse C. Epidermal Outgrowth in a New Fish Skin Culture Model. *World Aquaculture Conference,* September 2009, Veracruz (Mexiko).

Grunow B., Ciba P., **Rakers S.**, Klinger M. and Kruse C. *In Vitro* Expansion of Autonomously Contracting Cardiomyogenic Structures from Rainbow Trout *(Oncorhynchus mykiss)*. *World Aquaculture Conference,* September 2009, Veracruz (Mexiko).

Gebert, M., **Rakers, S.**, Weber, C., Grunow, B., and Kruse, C. Fish cell culture: Novel techniques and applications. *World Aquaculture Conference,* September 2009, Veracruz (Mexiko).

Rakers, S., Gebert, M. and Kruse, C. Analysis of adult rainbow trout (Onchorynchus mykiss) blastema progenitor cells in cell culture. *3rd International Congress on Stem Cells & Tissue Formation*, Juli 2010, Dresden.

Rakers, S., Kruse, C. and Gebert, M. Fish scales as a model to study wound healing. *2nd Lübeck Regenerative Medicine Symposium: Frontiers in Wound Healing,* Juli 2011, Lübeck.

i want morebooks!

Buy your books fast and straightforward online - at one of world's fastest growing online book stores! Environmentally sound due to Print-on-Demand technologies.

Buy your books online at
www.get-morebooks.com

Kaufen Sie Ihre Bücher schnell und unkompliziert online – auf einer der am schnellsten wachsenden Buchhandelsplattformen weltweit! Dank Print-On-Demand umwelt- und ressourcenschonend produziert.

Bücher schneller online kaufen
www.morebooks.de

VDM Verlagsservicegesellschaft mbH
Heinrich-Böcking-Str. 6-8　　Telefon: +49 681 3720 174　　info@vdm-vsg.de
D - 66121 Saarbrücken　　　Telefax: +49 681 3720 1749　　www.vdm-vsg.de

Printed by Books on Demand GmbH, Norderstedt / Germany